TECNOLOGIAS DIGITAIS DA INFORMAÇÃO E COMUNICAÇÃO e PARTICIPAÇÃO SOCIAL
possibilidades e contradições

COMITÊ EDITORIAL DE LINGUAGEM
Anna Christina Bentes
Edwiges Maria Morato
Maria Cecilia P. Souza e Silva
Sandoval Nonato Gomes-Santos
Sebastião Carlos Leite Gonçalves

CONSELHO EDITORIAL DE LINGUAGEM
Adair Bonini (UFSC)
Arnaldo Cortina (UNESP – Araraquara)
Heliana Ribeiro de Mello (UFMG)
Heronides Melo Moura (UFSC)
Ingedore Grunfeld Villaça Koch (UNICAMP)
Luiz Carlos Travaglia (UFU)
Maria da Conceição A. de Paiva (UFRJ)
Maria das Graças Soares Rodrigues (UFRN)
Maria Eduarda Giering (UNISINOS)
Maria Helena Moura Neves (UPM/UNESP)
Mariângela Rios de Oliveira (UFF)
Marli Quadros Leite (USP)
Mônica Magalhães Cavalcante (UFC)
Regina Célia Fernandes Cruz (UFPA)

Dados Internacionais de Catalogação na Publicação (CIP)
(Câmara Brasileira do Livro, SP, Brasil)

Tecnologias digitais da informação e comunicação e participação social : possibilidades e contradições / Denise Bértoli Braga, (org.). — São Paulo : Cortez, 2015.

Vários autores.
ISBN 978-85-249-2422-4

1. Comunicação 2. Letramento 3. Mídia social 4. Redes sociais 5. Participação social 6. Tecnologia da informação 7. Tecnologias digitais I. Braga, Densie Bértoli.

15-09961   CDD-302.4

Índices para catálogo sistemático:
1. Tecnologia digital da informação e comunicação :
Participação social : Sociologia   302.4

Denise Bértoli Braga (Org.)

Alexandre Freire • Cláudia Hilsdorf Rocha
Claudia Lemos Vóvio • Glenn Auld
Ismael M. A. Ávila • Joel Windle
Lara Schibelsky Godoy Piccolo • Luiz Fernando Gomes
Marcelo El Khouri Buzato • Maria Helena Silveira Bonilla
Nelson Pretto • Paulo de Tarso Gomes

TECNOLOGIAS DIGITAIS DA INFORMAÇÃO E COMUNICAÇÃO e PARTICIPAÇÃO SOCIAL
possibilidades e contradições

1ª edição
1ª reimpressão

TECNOLOGIAS DIGITAIS DA INFORMAÇÃO E COMUNICAÇÃO E PARTICIPAÇÃO SOCIAL: possibilidades e contradições
Denise Bértoli Braga (Org.)

Capa: de Sign Arte Visual
Preparação de originais: Nair Hitomi Kayo
Revisão: Ana Paula Luccisano
Composição: Linea Editora Ltda.
Coordenação editorial: Danilo A. Q. Morales

Nenhuma parte desta obra pode ser reproduzida ou duplicada sem autorização expressa da organizadora e do editor.

© 2015 by Autores

CORTEZ EDITORA
Rua Monte Alegre, 1074 – Perdizes
05014-001 – São Paulo – SP – Brasil
Tels.: (55 11) 3864-0111 / 3611-9616
www.cortezeditora.com.br
e-mail: cortez@cortezeditora.com.br

Impresso no Brasil – dezembro de 2017

Dedico este livro a Carlos Santos Silva, o TC da Casa de Cultura Tainã, que me ensinou o valor da resiliência nas lutas sociais, assim como a viabilidade de diálogos interculturais, e a Michel Morandi, cuja interlocução crítica e perspicaz muitas vezes me tirou dos meus lugares de conforto. Ambos contribuíram para solidificar minhas esperanças na possibilidade de uma academia preocupada com questões sociais e politicamente engajada.

Agradecimentos

Agradeço aos colegas autores que aceitaram o desafio de participar na construção de um livro que permitisse uma visão panorâmica sobre as possibilidades e contradições das TDICs nos diferentes movimentos de participação e de ação sociais.

Agradeço à colega Viviane Veras, cuja leitura cuidadosa contribuiu para dar maior organicidade à obra.

Destaco também o apoio da colega Anna Christina Bentes, que incentivou a organização dessas reflexões.

Sumário

A comunicação em rede e os impactos nas possibilidades de participação social: reflexões introdutórias
Denise Bértoli Braga 13

Seção 1. TDICs: ESPERANÇAS E PREOCUPAÇÕES EDUCACIONAIS E SOCIAIS 31

Uso de tecnologia e participação em letramentos digitais em contextos de desigualdade
Denise Bértoli Braga e Claudia Lemos Vóvio 33

O carro na frente dos bois e o GPS na frente do carro: perspectivas da democracia em tempos de redes sociais
Paulo de Tarso Gomes 68

Seção 2. PERCURSOS INDIVIDUAIS NO PROCESSO DE APROPRIAÇÕES DAS TDICs 87

Participação e apropriação de bens culturais: reflexões de uma liderança local
Denise Bértoli Braga 89

Internet e acesso social: um estudo de caso
Luiz Fernando Gomes 106

Novos letramentos e inclusão digital: em direção a um enfoque pós-social
Marcelo El Khouri Buzato 125

Seção 3. CONTRIBUIÇÕES DAS TDICs NOS PROCESSOS DE AÇÕES EDUCATIVAS 147

As tecnologias digitais: construindo uma escola ativista
Maria Helena Silveira Bonilla
Nelson de Luca Pretto 149

Novos letramentos no ensino plurilíngue de inglês na universidade: mediando possibilidades de práticas participatórias
Cláudia Hilsdorf Rocha 167

Seção 4. TDICs E BUSCAS DE DEMOCRATIZAÇÃO NO CONTEXTO DAS ESFERAS PÚBLICAS 193

Ampliando a participação social na escolha da escola de populações cultural e socialmente diversas: a experiência do *website* MySchool na Austrália
Joel Windle 195

Experiências de governo eletrônico inclusivo como motivador da inclusão digital
Alexandre Freire da Silva Osório
Ismael M. A. Ávila
Lara Schibelsky Godoy Piccolo 216

Seção 5. EXPLORAÇÃO DOS RECURSOS DAS TDICs NA BUSCA E CONSTRUÇÃO DE DIÁLOGOS INTERCULTURAIS 245

Redesenhando uma tese de doutorado para incluir a participação de leitores acadêmicos e participantes
Glenn Auld 247

SOBRE OS AUTORES 263

A comunicação em rede e os impactos nas possibilidades de participação social: reflexões introdutórias

Denise Bértoli Braga

1. As redes sociais na internet levam o povo brasileiro às ruas

Em junho de 2013, uma manifestação popular iniciada em São Paulo contra o aumento na tarifa de ônibus, convocada na Internet através das redes sociais — Facebook e Twitter — tem uma repercussão nacional e desencadeia uma série de passeatas em diferentes cidades do país.[1] O que era inicialmente uma reivindicação sobre o custo do transporte urbano se transforma rapidamente em uma demonstração de insatisfação bem mais ampla contra uma série de

---

1. Dou crédito à pesquisadora Carolina Bottosso de Moura, que despertou meu interesse pelos estudos que analisam a movimentação das relações nas redes sociais virtuais. Nossas discussões sobre o tema têm sido instigantes e produtivas.

problemas existentes no país. A multiplicidade de focos do protesto podia ser testemunhada nos dizeres de cartazes e faixas que o povo trouxe à rua durante essas manifestações. De forma praticamente simultânea, enquanto a população brasileira testemunhava ou se engajava na onda desses protestos públicos, seja saindo às ruas ou participando de forma ativa nas redes sociais *on-line*, a Internet já tornava disponível o acesso a um estudo em processo de construção, elaborado por Fábio Malini, com indicação da colaboração dos professores Raquel Recuero e Marco Toledo. Esse estudo mapeava a comunicação *on-line* do movimento em São Paulo, refletia sobre o modo como ele havia se tornado "viral" na internet, mostrava graficamente sua difusão inicial e as tendências em projeção a cada intervenção de fatores específicos como, por exemplo, a reação violenta do aparato policial na tentativa de controlar essas manifestações populares.[2] Esse estudo em processo, escrito em um gênero mais informal, socializa para um público amplo reflexões críticas sobre a forma de organização desse movimento social. Usando ferramentas digitais disponíveis para mapeamentos de interações *on-line*, a discussão explica e ilustra de forma sintética e gráfica as diferentes tendências detectadas nas trocas de mensagens em rede.[3]

Como se pode ler acompanhando as forças envolvidas na *batalha*, a mobilização dos usuários do Facebook (denominados no texto de "os face") se concretiza de duas formas: os que efetivamente vão às ruas e os que não vão, mas confirmam a presença e/ou registram o

---

2. O texto em questão, intitulado "A batalha do vinagre: porque o #protestoSP não teve uma, mas muitas *hashtags*", foi publicado em 14 de junho de 2013 por Fabio Malini e arquivado no site Labic (Laboratório de Estudos sobre Imagem e Cibercultura, em Cartografia-das--Controvérsias). Disponível em: <http://www.labic.net/a-batalha-do-vinagre-por--que-o-protestosp-nao-teve-uma-mas-muitas-hashtags/>. Acesso em: 20 jun. 2013.

3. Malini esclarece no texto o procedimento metodológico adotado para a construção da representação gráfica das relações estabelecidas no Twitter. Inicialmente foi realizada a "plotagem da rede de RTS (republicações de tweets) usando o *lay-out* Yifan HU (que distribui os nós, de modo homogêneo, a partir do tamanho das arestas — ou proximidade de relações, criando uma centralidade de conexões) e o filtro estatístico Eigenvector Centrality, um modo de calcular onde se encontram os atores mais centrais (localizados mais próximos dos demais), considerando-se toda a estrutura da rede".

apoio à causa (os assim denominados "ativistas de sofá"). Em situações de protestos intensos, a ferramenta *evento*, disponível na plataforma do Facebook, é explorada pelos usuários como um mural que publica notícias sobre as lutas em curso e também um espaço para registrar um conjunto bastante heterogêneo de narrativas comuns. Essas narrativas podem ser **curtidas** (popularizadas), **seguidas** (popularizadas), **comentadas** (discutidas e virarem objeto de polêmica) ou **compartilhadas** (difundidas pelos perfis) — esta última indicando um nível maior de engajamento dos usuários. No evento que aconteceu em São Paulo, a chamada para o *Terceiro Grande Ato contra o Aumento da Passagem*, ocorrido em um breve espaço de tempo após os dois primeiros, obteve no Facebook a confirmação de 28 mil perfis.

O efeito de propagação virtual é também ampliado pela integração e pela relação que se estabelecem entre diferentes canais virtuais de trocas de mensagem, como é o caso do Twitter. O estudo de Malini indica que "O Povão do twitter produziu, entre 17h e 23h50, mais de sete mil tweets contendo a palavra **tarifa**". Palavras-chave — *protesto, jornalista, ônibus, rua, manifestantes, vinagre, bomba* entre outras — eram indicativas dos sentidos que surgiam e moviam a batalha da Consolação, quando a Polícia Militar do estado tomou iniciativas de reprimir a demonstração popular com bombas de gás lacrimogênio e tiros de borracha.

A intervenção da PM como resposta policial e não política produz um deslocamento no processo de narração e interpretação dos eventos: agora há também uma participação ativa dos usuários da Internet. Dois casos merecem destaque em relação à força potencial desse tipo de mobilização virtual, cujo conteúdo é alimentado pelas mensagens postadas e pela indicação de *links* que estão disponíveis para acesso e leitura imediatos. No início das passeatas em São Paulo, a mídia televisiva desqualificou o movimento como sendo uma baderna incitada por vândalos. Na Rede Bandeirantes de Televisão, o apresentador José Luiz Datena foi surpreendido pela resposta dada pelos telespectadores a uma enquete pública norteada por uma pergunta declaradamente tendenciosa: "Você é favor de protesto com baderna?"

Para surpresa do apresentador, a resposta dos telespectadores foi positiva: 2.179 responderam *sim* contra 915 que responderam *não*. Na Rede Globo de Televisão, o jornalista Arnaldo Jabor, um dos principais comentaristas dessa emissora, muda de opinião e pede desculpas por comentários que havia feito no início do movimento.[4]

É relevante destacar o fato de que o estudo de Malini, bem como outros subsequentes postados sobre o movimento, revela uma participação mais heterogênea dos formadores de opinião na qual se destacam representantes já consagrados pela mídia tradicional como @*estadao*, e também perfis que ganham destaque temporário por postar uma afirmação que reflete ou sintetiza a perspectiva de muitos.

Uma semana depois do texto da *batalha*, Malini publica outro estudo, agora centrado no nome da presidenta em exercício.[5] Essa segunda pesquisa revela que nos dias 16 e 17 de junho haviam sido postados cerca de 170 mil tweets que faziam menção ao nome *Dilma*, sendo cinquenta mil deles retweets. A análise de Malini destaca, nessas discussões envolvendo a presidenta, a presença de três grandes grupos fortemente conectados no Twitter. Um grupo de oposição à presidenta Dilma, já existente por muitos anos; um segundo grupo, que tradicionalmente defende a presidenta oferecendo pontos de vistas alternativos; e, finalmente, um terceiro grupo, que discute temas que os dois primeiros tendem a não abordar — como os gastos públicos com a Copa e a questão indígena — e critica posições assumidas tanto pelos grupos políticos brasileiros de direita, quanto de esquerda. Na análise de Malini, esta última rede de relações tem um perfil mais independente e possui grande ligação com perfis do Twitter que são muito conectados com o que ocorre efetivamente nas ruas.

---

4. Disponível em: <http://www.hojeemdia.com.br/noticias/brasil/arnaldo-jabor-muda-de-opini-o-e-pede-desculpas-por-comentario-infeliz-sobre-protestos>. Acesso em: 25 jun. 2013.

5. Fabio Malini, "O termo Dilma nas redes sociais", publicado em 20 de junho de 2013 e arquivado em *Cartografia das controvérsias*. Disponível em: <http://www.labic.net/cartografia-das-controversias/dilma-no-twitter-ou-como-a-bipolaridade-politica-acabou/>. Acesso em: 24 jun. 2013.

Esses dois estudos postados na rede permitem detectar algumas tendências do movimento popular descrito, e ilustram de forma bastante concreta o potencial da mobilização popular favorecida pelas redes digitais, que dão visibilidade e voz àqueles que falam, por exemplo, do lugar de quem usa diariamente o transporte coletivo. Não só questões mais urgentes ganham projeção pelas trocas interativas que ocorrem dentro de ambientes específicos ou são reforçadas e ampliadas na interação entre diferentes ambientes digitais. Eventos que despertam grande interesse dos internautas acabam gerando mensagens que circulam no Twitter, motivam postagens nos diferentes perfis do Facebook, estimulam a publicação de vídeos no Youtube, migram para *blogs* e *sites* criando uma intertextualidade remissiva que é potencialmente infinita: uma comunicação efetivamente em rede.

Praticamente um mês após a publicação *on-line* dos estudos de Malini, o *blog* da pesquisadora Raquel Recuero esclarece em mais detalhes a construção dos grafos digitais que mapeiam as trocas interativas nas redes sociais, oferecendo exemplos de como eles podem alterar sua configuração de um dia para outro e variáveis que precisam ser consideradas na análise e interpretação desses grafos.[6] No dia 27 de julho, o professor e filósofo político Marcos Nobre, da Unicamp, publicou um *e-book*, produzido segundo o autor no período de dez dias, intitulado *Choque de democracia: razões da revolta*. Esse estudo analisa os movimentos que chegaram a levar cerca de um milhão de pessoas às ruas em uma única noite no Brasil.[7]

---

6. *Blog* hospedado no *site* <http://www.raquelrecuero.com>. Nas palavras da autora: "Grafos são representações; e, por serem representações, não podem ser tomados sem contexto, porque estão à mercê do pesquisador que os construiu. Grafos são representações de dados que podem literalmente dizer qualquer coisa se você não tomar cuidado com o modo de coleta e com a forma de representação. O grafo não é o fim em si, ele é um meio de representar a estrutura das coisas que você está vendo no mundo real (ou, no caso, virtual) e é manipulado pelo pesquisador. Num artigo científico, por exemplo, você jamais vai ver um grafo sem o contexto da pesquisa, método e limites da coleta — sem tais informações, o grafo não passa de mera ilustração".

7. Os detalhes sobre o processo de produção foram publicados pelo *Correio Popular*, Campinas, São Paulo, na edição de 23 de outubro de 2013.

Os exemplos selecionados ilustram a circulação aberta de um tipo de reflexão centrada em avaliações teóricas e descrição de dados empíricos, que duas décadas atrás provavelmente seriam discussões restritas a círculos acadêmicos e certamente não acessíveis de forma simultânea ou bastante próxima ao acontecimento dos eventos analisados. Outro fator interessante a ser destacado em relação aos protestos que ocorreram em junho de 2013 é a quebra de barreiras que hoje existe também entre as mídias digitais e as convencionais. Programas televisivos como *Roda Viva*, da TV Cultura, convidaram para debates representantes da liderança de movimentos sociais já estabelecidos e com uma expressiva ação de militância, mas que ganharam maior visibilidade pública durante as manifestações nas ruas instigadas pelas redes sociais *on-line*: o *Movimento Passe Livre* (MPL) e o *Movimento Mídia Ninja* (Narrativas Independentes, Jornalismo e Ação).[8] Esses programas televisivos foram posteriormente postados no formato de vídeo no Youtube, ampliando sua audiência e debate no meio virtual.

Embora seja inegável que as mídias digitais têm um potencial singular de dar visibilidade pública a fatos específicos, de agilizar a organização de movimentos populares e serem um meio eficiente para quebrar a censura de informações dos órgãos e das mídias oficiais, esses recursos favorecem, mas não garantem o sucesso efetivo e pleno das reivindicações populares. Em relação às manifestações que ocorreram em junho em São Paulo, houve um impacto positivo imediato: pelo menos temporariamente, as tarifas de ônibus não sofreram aumento, o que revela que a mobilização popular e o protesto do povo nas ruas têm o poder de pressão no âmbito das decisões administrativas. Além disso, podemos contabilizar também outro impacto positivo, talvez menos perceptível de imediato: o potencial dessas demandas específicas de expor a necessidade de transformação do sistema econômico-político.

---

8. Os representantes do Movimento Passe Livre participaram do programa realizado no dia 17 de junho de 2013 e os jornalistas porta-vozes do Movimento Mídia Ninja participaram do programa realizado em 5 de agosto de 2013.

É importante também ressaltar que há movimentos populares iniciados nas redes sociais que alcançam ganhos em suas reivindicações, mas não necessariamente na direção esperada. Esse fato pode ser ilustrado pela campanha lançada por cinéfilos usando a ferramenta "causes", disponível no ambiente Facebook, no final de 2010. Esse movimento visava impedir o fechamento e a demolição prevista de uma sala de projeções tradicional na cidade de São Paulo: o Cine Belas Artes. No início de 2011, essa campanha já contava com a assinatura de 90 mil simpatizantes na rede social, e essas ações geraram um conjunto de ações civis em prol do tombamento desse prédio. Em outubro de 2012, a fachada do cine Belas Artes foi efetivamente tombada para preservar a memória do local, mas a decisão oficial estabelece que o interior do prédio pode ser alterado e destinado a qualquer finalidade, o que contraria as reivindicações de manutenção da casa de espetáculo promovida pelos cinéfilos que iniciaram a campanha. Nesse caso, para esse grupo, a luta continua.

Conflitos como esses — que envolvem ganhos e conflitos entre as reivindicações dos movimentos populares incitados pelas redes sociais virtuais e os interesses de grupos políticos e econômicos que detêm o poder — são uma realidade que extrapola as fronteiras brasileiras. Estudos realizados sobre manifestações em massa que ocorreram em outros países apontam para direções semelhantes.[9] Em síntese, um fato precisa ser devidamente destacado: na realidade atual, dada a integração das mídias e a ubiquidade dos dispositivos digitais, como bem coloca o estudo de Tarso Gomes no presente volume, *o difícil é deixar de participar.*

Além disso, as mídias digitais têm tido impacto significativo na vida cotidiana dos indivíduos e afetado de forma cada vez mais vi-

---

9. A pesquisadora Zeynep Tufekci oferece uma reflexão que aborda exemplos de vários países em desenvolvimento, em uma palestra proferida em outubro de 2014. *How the internet has made social change easy to organize hard to win*, além de outros textos da autora, está disponível no endereço digital: <http://www.ted.com/talks/zeynep_tufekci_how_the_internet_has_made_social_change_easy_to_organize_hard_to_win>. Acesso em: 13 dez. 2014.

sível tanto o setor econômico formal — através do acesso direto a produtos disponibilizados para vendas *on-line* — como o setor informal — caso de *sites* que divulgam a venda de artigos manufaturados.[10] Esse tipo de iniciativa, por um lado, pode contribuir para ampliar a circulação de renda no país não só no âmbito individual, mas também para grupos e cooperativas localizados em regiões mais isoladas e com menor disponibilidade financeira para incrementar a circulação de suas produções; por outro lado, nos centros urbanos, isso pode envolver o risco de ter um efeito negativo na oferta de determinados tipos de emprego.

No âmbito cultural, a possibilidade de divulgar de maneira multimidiática tradições culturais locais — música, dança e artesanato de um modo geral — pode ser uma forma de revitalização dessas tradições e um modo de incentivar a resistência à pressão da massificação homogeneizante exercida pela "cultura global". Em síntese, no contexto pós-moderno, no qual o poder está atrelado ao acesso à informação, é importante entendermos de que formas as tecnologias digitais de comunicação e informação podem efetivamente contribuir para uma participação popular efetiva e, portanto, politicamente mais democrática, e também para a preservação de identidades culturais particulares, considerando que o espaço cultural é o espaço das diferenças.

A organização do presente volume busca ressaltar que há razões importantes para sermos otimistas em relação ao potencial dessas tecnologias. No entanto, sendo devidamente críticos, não podemos ignorar que as mídias digitais podem abrir caminhos para a construção de uma sociedade ainda mais elitista e excludente em escala internacional, como apontam os estudos de Castells (1999) e Bauman (2007), e também servir de instrumentos de acesso a dados da vida privada e controle sobre eles.

---

10. Sites de venda virtual, como o Elo 7, entre outros, permitem hospedagem a baixo custo e, embora recebam uma pequena participação no percentual das vendas, esse tipo de site permite a divulgação de produções de artesãos locais para potenciais consumidores, o que permite uma circulação mais ampla desses produtos. Disponível em: <http://www.elo7.com.br/>.

Acatando as complexidades dessas questões ainda pouco esclarecidas na literatura, atentos às constantes mudanças nas práxis sociais da atualidade, esta coletânea vem apresentar subsídios que instiguem reflexões sobre esses dilemas a partir de estudos ensaísticos e relatos de experiências empíricas. Questões complexas requerem olhares e ouvidos mais abertos ao que escapa ao ordenamento, ao disciplinar. Essa foi a principal justificativa para integrar, em uma mesma obra, estudos desenvolvidos por pesquisadores de diferentes tradições teóricas e que compartilham um interesse comum: uma disposição a entender como estão ocorrendo os diferentes modos de apropriação das mídias digitais e como tais apropriações podem contribuir para interações socioculturais mais horizontais que viabilizem a construção de uma sociedade mais democrática.

2. As mídias digitais no processo de ampliação da participação de grupos em situação de vulnerabilidade social: diferentes perspectivas

Reconhecendo o impacto social das tecnologias digitais a serviço da informação e comunicação (TDICs), a motivação original da organização do presente volume foi a de reunir múltiplos olhares sobre esse tema. O que está em jogo, além de construir uma compreensão interdisciplinar sobre os modos de apropriação dessas tecnologias por indivíduos ou grupos sociais diversos, é também ressaltar a existência de iniciativas preocupadas em explorar esses novos recursos para ampliar a participação social de grupos socialmente desfavorecidos. Nessa direção, as reflexões socializadas em cada capítulo buscam compreender, a partir de diferentes percursos teóricos, possíveis impactos das TDICs na práxis social. Cada uma, a partir de sua perspectiva, aponta potenciais promissores para avanços na direção de uma participação social mais igualitária, em que cada um possa exercer seu *direito à cidade*,[11] as barreiras e impasses que se mantêm e problemas novos que surgem e que exigem também novas formas de pensá-los.

Seguindo uma orientação crítica neogramsciana, que busca teorizar as possibilidades de agência e de mudança social sem cair no risco de posições ingênuas em relação aos limites impostos pelas complexas relações de poder inerentes às organizações sociais (Braga e Busnardo, 2000, 2001), a diversidade das temáticas abordadas nesta obra teve o intuito de despertar o público leitor para o fato de que a pós-modernidade caracteriza-se por uma realidade cada vez mais complexa, plural, multifacetada e repleta de incertezas (Bauman, 2001, 2003). Mas é essa a realidade na qual estamos inseridos, que precisa ser incessantemente revista, e é a partir dela que podemos idealizar a construção de uma sociedade menos injusta e excludente, que de fato viabilize participações sociais mais horizontais, contando sempre com o risco inerente a toda mudança.

Nessa direção, a primeira seção deste volume — *TDICs: Esperanças e preocupações educacionais e sociais* — é constituída por dois ensaios que oferecem uma discussão mais panorâmica das esperanças e dos dilemas sociais e educacionais gerados pela inserção das TDICs nas práticas sociais. O capítulo inicial, de autoria de Denise Bértoli Braga e Claudia Lemos Vóvio, embasa-se em resultados de pesquisas realizadas em três grandes áreas acadêmicas — Psicologia Educacional, Teorias do Currículo e Estudos dos Letramentos — para problematizar algumas crenças naturalizadas na sociedade que instituem o acesso à escolarização e o domínio de práticas escritas como garantias suficientes para uma maior participação cidadã.

Considerando os limites da escola e da escrita para ampliar de fato a participação social, as autoras apontam novos espaços que as tecnologias digitais podem oferecer em termos de acesso à informação

---

11. Conceito definido por Henri Lefebvre em *O direito à cidade* [*Le droit à la ville*, 1968], 2001, e que vem se tornando palavra de ordem em muitos movimentos sociais como uma forma de reivindicação coletiva.

e circulação social de grupos historicamente desfavorecidos. As autoras defendem que o uso das tecnologias digitais a serviço da informação e da comunicação agrega um potencial promissor para uma participação social mais ampla, embora essas promessas precisem ser ponderadas com a devida cautela, já que o acesso e o uso efetivos das mídias digitais não deixam de ser também afetados, de forma direta e indireta, pelas diferenças econômicas e culturais que estruturam a sociedade mais ampla.

Essas reflexões de cunho sociológico são mais aprofundadas nas discussões do texto de autoria de Paulo de Tarso Gomes. O segundo capítulo reflete sobre as ações de reivindicações de mudanças sociais instigadas nas redes sociais virtuais, cujos participantes podem ser produtores e consumidores de informação, alternando-se nos papéis de *formadores e de seguidores de opinião*. Analisando essa nova realidade, na qual as mensagens são compartilhadas em larga escala, em tempo real ou quase simultâneo, o autor enfatiza a necessidade de traçarmos linhas mais nítidas entre diversão, fama e revolução. Em um tom provocativo, o texto indica que as mobilizações deflagradas nas redes sociais precisam contemplar também a incorporação de modos de organização e articulação política tradicionais, de forma a se tornarem lutas e confrontos efetivos capazes de provocar mudanças políticas mais radicais. Citando o autor, *a democracia não é tecnologia, ela é uma disputa, uma luta, uma conquista, em alguns casos, uma guerra. Queiramos ou não, nos conflitos em torno desse poder coletivo está o que disputamos ser história*. Entender a natureza dessa nova realidade social é essencial para refletirmos criticamente sobre os modos como os indivíduos se apropriam das TDICs em práticas sociais situadas e o potencial de agência e participação social que diferentes modos de apropriação favorecem.

Essa temática é abordada nos três textos que compõem a segunda seção deste livro — *Percursos individuais no processo de apropriações das TDICs* — que agrega reflexões construídas a partir de dados coletados em estudos de caso e entrevistas, que têm como preocupação norteadora comum a análise da apropriação das TDICs por indivíduos específicos. O primeiro estudo — o terceiro capítulo —, de autoria de Denise Bértoli Braga, faz parte de um estudo mais amplo (Braga, 2010) e, no recorte selecionado, a autora resgata os dados obtidos em uma entrevista realizada com jovem que fazia parte da liderança de uma comunidade periférica. O jovem fala sobre seu processo de apropriação das tecnologias digitais e de suas reflexões sobre a perspectiva ideológica defendida pelo movimento do *software* livre. Essa análise lúcida sobre construção e distribuição de bens culturais no interior de uma comunidade economicamente desfavorecida e as críticas contundentes aos diferentes mecanismos de segregação e exclusão social constitutivos da sociedade brasileira ressaltam a premência de lutarmos por formas de relações sociais mais horizontais.

No quarto capítulo, Luiz Fernando Gomes concentra suas reflexões nas ações de liderança em movimentos locais, tendo como foco de análise o percurso de um indivíduo pertencente a uma comunidade periférica de uma cidade do interior do estado de São Paulo. Nessa pesquisa, o autor inicialmente discute o termo *comunidade*, que além de estar sendo atualmente adotado com um sentido bastante difuso e banalizado, passou a ganhar novos contornos no meio digital. Não havendo mais necessidade de vínculos a um território físico, as comunidades virtuais, segundo o autor, são mais bem explicadas pela noção de *redes virtuais*. Partindo desse conceito, o autor relata um estudo de caso cujo objeto de reflexão é o percurso de um indivíduo que, explorando diferentes ambientes virtuais, busca construir redes em torno de seu ideal de ativismo social. A análise desse percurso, iniciado com um *blog* que privilegiava o movimento *hip-hop*, indica que, ao longo dos anos, esse indivíduo desloca sua voz para outros ambientes digitais, criando novas formas de aliança, ampliando as fronteiras de suas contestações, embora mantendo sua fidelidade a ideais de militância política. Ao contrário do que era esperado, os ambientes digitais explorados por essa liderança não registraram a publicação significativa de outras vozes da comunidade, as de seus *seguidores*. Gomes levanta, então, a hipótese de que a ausência de postagens não indica ausência de acessos ao conteúdo das mensagens e de que os diferentes momentos de exposição dessa liderança local (em um *blog* e posteriormente em dois *sites*) sugerem que a visibilidade conferida pela internet a indivíduos específicos contribui para ampliar sua rede de apoio e o âmbito da sua liderança e das suas lutas em defesa dos interesses de sua comunidade.

O quinto capítulo, de autoria de Marcelo El Khouri Buzato, é centrado em uma pesquisa mais ampla na qual o autor investigou os letramentos digitais e não digitais de jovens universitários. Na busca de entender os diferentes modos de apropriação observados, alinhado às reflexões teóricas de Bruno Latour, o autor assim contextualiza teoricamente *os novos letramentos*: "nas configurações específicas de redes heterogêneas nas quais entidades humanas (pessoas) e não humanas (máquinas, códigos, valores, ideias, textos, entre outros) se coagenciam e traduzem mutuamente para produzir o que chamamos de letramentos, contextos e sujeitos letrados". Na busca de delinear um enfoque teórico alternativo, de cunho pós-social, o texto chama a atenção dos leitores para a complexidade desse novo contexto de interações e construção de conhecimentos, e problematiza as noções de participação, emancipação e inclusão digital.

Entender percursos individuais é um passo importante para ampliar a compreensão da diversidade e das possibilidades de usos das TDICs. No entanto, considerando que essas tecnologias estão cada vez mais presentes nas práticas cotidianas, que oferecem novos modos de articulação social e são uma demanda concreta em várias atividades profissionais do século XXI, é essencial refletirmos como trazer essas tecnologias para inovação e atualização das intervenções educacionais, como ilustram os dois textos da seção que segue.

A terceira seção — *Contribuições das TDICs nos processos de ações educativas* — integra dois trabalhos que ilustram ações efetivas na busca de mudanças nas práticas educacionais que contam com os recursos oferecidos pelas mídias digitais. No sexto capítulo, Maria Helena Silveira Bonilla e Nelson de Luca Pretto manifestam-se em favor da necessidade de organizar o setor público de educação em uma rede de intercâmbio de produção educativa e cultural que permita a participação de professores e alunos. Partindo de reflexões sobre as redes colaborativas de construção de conteúdos que ganharam espaço na cibercultura, os autores refletem sobre diferentes alternativas para construção e socialização de bens culturais. Essas reflexões de cunho teórico informam as ações de um projeto inovador, relatado pelos autores, que tem por meta ampliar as oportunidades de expressão de valores locais e criar condições de exercício de cidadania através da mobilização de professores e alunos das escolas públicas da Bahia. O texto adverte que a socialização de conhecimento em larga escala demanda apoios técnicos específicos, que permitam gerenciar de forma descentralizada as produções geradas no âmbito das escolas. A pesquisa em questão delineia perspectivas promissoras para a constituição efetiva de uma escola ativista, que demanda revisões mais radicais sobre os modos de construção de conhecimento que ainda perduram na grande maioria das escolas brasileiras.

No texto que segue, o sétimo capítulo, de Cláudia Hilsdorf Rocha, centraliza a discussão no ensino e dentro de uma área específica, a língua inglesa, que hoje é *apontada como língua franca dos processos de globalização do mercado e da cultura*. A partir de reflexões sobre epistemologias contemporâneas e sua interface com as tecnologias, a autora discute perspectivas didáticas voltadas à disciplina de língua inglesa oferecida pelo ProFis, um Programa de Formação Interdisciplinar Superior que está sendo realizado como um novo curso piloto de ensino superior da Unicamp, voltado aos estudantes que cursaram o ensino médio em escolas públicas da região de Campinas. A autora defende a exploração, nas atividades pedagógicas, de *novos letramentos*,[12] e uma abordagem plurilíngue da língua inglesa na universidade como um caminho para ampliar as práticas de participação social. Vinculando noções de linguagem, cultura, sociedade e poder, Rocha propõe que a mudança de ensino e a reflexão social crítica podem migrar das análises e propostas teóricas e para o con-

---

12. *Novos letramentos* é um termo adotado em um conjunto de estudos no campo da Linguística Aplicada e refere-se aos novos modos de produção, de leitura e às práticas discursivas mediadas direta ou indiretamente pelas tecnologias digitais.

texto da prática em sala de aula, de modo a se adequarem às ações educativas e às demandas da sociedade contemporânea.

A quarta seção do presente volume — *TDICs e buscas de democratização no contexto das esferas públicas* — busca ilustrar duas alternativas: uma, no contexto australiano, e outra, no brasileiro. Ambas indicam preocupações oficiais em criar *sites* ou financiar alternativas que permitam tornar as informações do Estado disponíveis a cidadãos das classes de baixa renda, que também representam as camadas menos escolarizadas da população. No oitavo capítulo, Joel Windle reflete sobre a realidade australiana, na qual as escolas do setor público ocupam diferentes posições na escala qualitativa estabelecida pelas pesquisas oficiais. Discutindo a situação dos imigrantes na Austrália, o autor analisa, a partir da perspectiva dos pais, uma iniciativa governamental que tinha por meta democratizar a competição pelo acesso à educação de qualidade. Nessa direção, o governo socializou, através do *site Myschool*, o resultado da avaliação das escolas australianas feita pelo governo (um tipo de avaliação semelhante àquela realizada pelo Enem no Brasil). A reflexão do autor nos leva a conjecturar se a ideologia neoliberal que atribui aos pais esse novo papel de "pai consumidor" e os limites impostos para que as "escolhas" são de fato concretizadas. O estudo de Windle explicita também que os pais entrevistados adotam modos distintos de apropriação de uma mesma informação disponibilizada no *site* governamental. Embora o *site Myschool* tenha sido publicado, com ampla divulgação na mídia australiana, com o intuito oficial de democratizar determinada forma de participação social (a escolha da escola onde serão matriculadas as crianças), a maneira como os pais avaliam e usam tais informações difere do modelo ideológico defendido pelas autoridades educacionais. Indo além, esse estudo também ressalta a falácia de que o acesso à informação seja por si só suficiente para romper barreiras socioestruturais mais fortemente estabelecidas, mesmo em uma época na qual a informação tende a ser atrelada à noção de poder.

O segundo texto incluído nessa seção, que compõe o nono capítulo do livro, produzido em coautoria por Alexandre Freire da Silva

Osório, Ismael Ávila e Lara Schibelsky Godoy Piccolo, apresenta e analisa os resultados de uma pesquisa que teve por meta a construção de interfaces mais amigáveis para os *sites* de Governo Eletrônico (*e-gov*). No seu formato atual, esses *sites* dificultam o acesso a informações e serviços oferecidos pelo Estado à população brasileira mais ampla. O texto critica a natureza eminentemente textual, produzida segundo normas da variedade padrão, utilizada na construção desses *sites*, características que tornam as informações veiculadas *on-line* herméticas e inacessíveis para grande parte dos cidadãos. Esse capítulo sugere que, para promover uma maior usabilidade dos *sites* governamentais, é preciso ir além do acesso à tecnologia. A apropriação das informações veiculadas pelos *sites* de *e-gov* depende também da preocupação dos desenvolvedores com a adequação dos conteúdos e das interfaces digitais para os diferentes perfis culturais e linguísticos constitutivos da população brasileira como um todo. Os resultados obtidos pelo Projeto STID (Soluções de Telecomunicação para Inclusão Digital) têm o mérito de reconhecimento não só das necessidades especiais de alguns usuários, mas também da diversidade cultural e linguística do país. Essa iniciativa ilustra ações que buscam aproximações e formas de construção de comunicações interculturais mais horizontais. As testagens empíricas mostraram a vantagem de explorar ícones e informações imagéticas na construção desses *sites*. A pesquisa demonstra a disposição dos pesquisadores para um deslocamento promissor trazido pelo reconhecimento de que a democratização do acesso à informação demanda adequações linguísticas e culturais para as quais todos os grupos sociais deveriam contribuir. No entanto, apesar de termos avançado nas pesquisas, até o momento do fechamento deste volume, os *sites* de *e-gov* brasileiros continuam herméticos e pouco claros, até mesmo, para pessoas altamente familiarizadas com letramentos digitais.

Finalmente a quinta e última seção do livro — *Exploração dos recursos das TDICs na busca e construção de diálogos interculturais* — dá destaque à iniciativa complexa e original do pesquisador australiano Glenn Auld, que busca criar pontes entre as reflexões acadêmicas e as comunidades aborígines investigadas. Nessa direção, o décimo capítulo, que encerra as discussões deste volume, retoma e ilustra de forma mais contundente os desafios reais para a construção de diálogos interculturais, nos quais os esforços precisam ocorrer de modo bilateral para que a comunicação efetivamente ocorra. Auld retoma a questão de ajustes linguísticos e culturais, salientando a necessidade ética da transparência no relato de estudos sobre as comunidades periféricas, o que não pode ser alcançado se a escrita acadêmica for a única modalidade adotada para divulgação dos dados e análises das pesquisas. Desafiando a tradição acadêmica grafocêntrica, Auld demonstra que é possível estabelecer uma relação mais respeitosa e simétrica entre pesquisadores acadêmicos e as comunidades pesquisadas. Na busca de ampliar o escopo de sua plateia leitora, sem desconsiderar os direitos de acesso ao estudo por membros da comunidade aborígine, que forneceu os dados da pesquisa sobre práticas de letramento local, o autor constrói o relato de sua investigação em três versões textuais distintas. Essas versões têm em comum o acesso aos livros em áudio — produzidos na língua Ndjébbana, nativa dos aborígines australianos estudados — e vídeos que mostram a interação da comunidade Kunibídji com o computador que veiculava esse material. Os textos produzidos visavam a diferentes audiências: um deles era uma narrativa da pesquisa na língua Ndjébbana; o outro era um relato da pesquisa em inglês cotidiano — o que tornava o estudo acessível a outras comunidades aborígines da Austrália que não dominam o Ndjébbana nem escolhas linguísticas e textuais privilegiadas nos textos acadêmicos em língua inglesa; e, finalmente, um texto elaborado para a comunidade acadêmica observando as normas de gênero exigidas nesse contexto. Usando recursos multimodais como uma alternativa ética e acolhedora, o autor mostra a necessidade de construção de formas de comunicação mais bilaterais, colaborativos e paritárias das reflexões sobre as comunidades locais, as quais informam as teorias de cunho sociológico e antropológico nos círculos acadêmicos.

Referências

BAUMAN, Zigmunt. *Modernidade líquida*. Tradução de Plínio Dentzien. Rio de Janeiro: Jorge Zahar, 2001.

_____. Comunidade: a busca por segurança no mundo atual. In: _____. *Modernidade líquida*. Tradução de Plínio Dentzien. Rio de Janeiro: Jorge Zahar, 2003.

BRAGA, D. B.; BUSNARDO, J. Uma visão neogramsciana de leitura crítica: contexto, linguagem e ideologia. *Ilha do Desterro*, Florianópolis, UFSC, v. 38, p. 91-114, jan./jun. 2000.

_____. Language, ideology and teaching towards critique: a look at reading pedagogy in Brazil. *Journal of Pragmatics*, Amsterdam, v. 33, p. 635-51, 2001.

CASTELLS, Manuel. *A sociedade em rede*. Tradução de Roneide Venancio Majer. São Paulo: Paz e Terra, 1999. v. I.

LEFEBVRE, Henri. *O direito à cidade*. Tradução de Rubens Eduardo Frias. São Paulo: Centauro, 2001.

NOBRE, Marcos. *Choque de democracia*: razões da revolta. Publicação digital da Companhia das Letras, 2013. (Col. Breve Companhia/Ensaio.)

Seção 1

TDICs: Esperanças e preocupações educacionais e sociais

Uso de tecnologia e participação em letramentos digitais em contextos de desigualdade

Denise Bértoli Braga
Claudia Lemos Vóvio

Introdução

A discussão sobre a participação em letramentos digitais em contextos de desigualdade requer uma reflexão inicial que busque esclarecer como, antes do advento das tecnologias digitais, as práticas comunicativas mediadas pela tecnologia da escrita foram historicamente produzidas e exploradas por grupos sociais dominantes para preservação de sua hegemonia sobre aqueles socialmente desfavorecidos. Não menosprezando o fato de que o controle social é mantido através da violência exercida pelo Estado e também pelas forças coercivas das relações políticas e econômicas — como inicialmente apontam as reflexões de Antonio Gramsci (Gramsci, 1971) —, nas sociedades capitalistas, a hegemonia social também é obtida por meio da imposição cultural que coloca em um patamar superior a "Cultura" e certos padrões de linguagem, desqualificando a diversidade linguística e cultural que existe na sociedade mais ampla.

O prestígio social dos referenciais culturais e linguísticos dos grupos dominantes tem sido, em grande parte, mantido por certas práticas de uso da língua escrita, pela possibilidade de desenvolvimento, produção e circulação de conhecimentos[1] e pelo processo de escolarização, embora todos esses sejam frequentemente apontados como pontes de acesso para a participação cidadã. Existe um descompasso entre as promessas de democratização, atreladas à aquisição de letramentos, apropriação de conhecimentos e inclusão de indivíduos no processo de educação formal, e as críticas apontadas no âmbito teórico a movimentos de imposição cultural e apagamentos das diferenças, culturas e linguagens locais, perpetuados através da escrita e da escola. Considerando tal descompasso, o presente estudo refletirá sobre a forma como têm sido analisados teoricamente os papéis da escrita e da escola na ampliação da participação social de jovens e adultos analfabetos ou pouco escolarizados. Entender as relações de poder dentro dessa esfera social é importante para a construção de uma reflexão sobre como as tecnologias de informação e comunicação digital (TDICs) reproduzem, mantêm ou reordenam processos hegemônicos ou abrem espaços inesperados e mais participativos para a diversidade cultural que é constitutiva de toda e qualquer sociedade.

1. O domínio da escrita é ponte de acesso à participação social?

Há quase três décadas, refletindo sobre a constituição do campo de pesquisa da escrita, Maurizio Gnerre questionou a relação que alguns estudos estabeleciam entre alfabetização e desenvolvimento de capacidades cognitivas mais complexas ou o uso da comunicação escrita como um parâmetro para distinguir as "sociedades primitivas"

---

1. Cf. Young (2014).

das sociedades "modernas e industrializadas". Seu argumento refere-se ainda ao direcionamento ideológico de programas de alfabetização em massa promovidos pela Unesco a partir dos anos 1960, aspecto também bastante questionado pelos estudos do antropólogo Brian Street (1984). Gnerre lançava naquele momento um alerta sobre a então recente valorização do domínio da escrita e da educação básica por pesquisadores, representantes de países desenvolvidos e de organismos internacionais:

> Uma perspectiva mais crítica, porém, compararia a difusão a nível mundial da escrita e da educação básica, durante as duas últimas décadas, a uma "liquidação" de tecnologia obsoleta a países do "Terceiro Mundo", numa época em que tecnologias muito mais poderosas e eficientes estão ao alcance dos países tecnologicamente avançados. (Gnerre, 1985, p. 30)

No momento atual, marcado pela globalização do mercado e da cultura e pelos avanços das TDICs, somos levados a refletir sobre como pessoas jovens e adultas não ou pouco escolarizadas estariam posicionadas em sociedades crescentemente grafocêntricas, hierarquizadas e desiguais, como a brasileira, nas quais o acesso a essas tecnologias se expande gradativamente. Sabemos que ainda enfrentamos um cenário educacional complexo, com maus resultados de aprendizagem na escolarização básica, manutenção de um número elevado de analfabetos e analfabetos funcionais e de baixas taxas de escolarização. Isso explicaria uma mirada pessimista ante as possibilidades de participação de uma ampla parcela de brasileiros em práticas de letramento digital.

Consoante essa perspectiva, conhecimentos e competências relacionados ao uso da escrita e aos modos como os textos funcionam em variadas circunstâncias podem ser entendidos dentro de um contínuo tipológico, no qual as práticas letradas digitais pressupõem não só o domínio prévio da escrita alcançado a partir de determinados níveis de escolaridade, mas também de um conjunto de novas habilidades que precisariam ser desenvolvidas para a interação com interfaces digitais. Essa é uma projeção embasada na experiência de adultos que, em idade avançada, já tendo concluído níveis mais altos de escolarização, optaram ou foram forçados pelas demandas sociais a se tornarem usuários das tecnologias digitais. Partindo desse suposto, os questionamentos que se colocam na abertura deste capítulo precisam de respostas: jovens e adultos não ou pouco escolarizados estão ou não em condições de se apropriarem de práticas sociais que se realizam em ambientes digitais ou de participarem de algum modo dessas práticas? Por não dominarem certos instrumentos culturais e não terem à disposição competências específicas e conhecimentos, poderiam esses sujeitos tomar parte dos letramentos digitais? Em outras palavras, esses sujeitos se encontrariam, mais uma vez, em desvantagem diante de práticas socialmente valorizadas, modelos de ação e a saberes decorrentes desta participação, com a diferença de que, agora, a dificuldade de acesso se ampliaria?

De certo modo, as diferentes trocas interativas que ocorrem em ambientes digitais, principalmente aquelas que envolvem as camadas mais jovens da população, problematizam a visão de contínuo tipológico que coloca em uma gradação de níveis qualitativos as práticas orais, as escritas e as digitais. A inadequação dessa concepção de contínuo, já apontada nos trabalhos de Gnerre em relação à oralidade e à escrita, fica ainda mais evidente nas pesquisas empíricas sobre letramentos, as quais definem as práticas letradas como essencialmente culturais e contextualmente situadas. Os gêneros produzidos e em circulação nesses ambientes registram e conferem maior visibilidade não só à diversidade dos usos possíveis da escrita, como também integram a exploração de outras linguagens — língua oral, sonora, escrita, imagens estáticas e em movimento —, o que pode facilitar e não necessariamente dificultar a apropriação dessas práticas e a construção de sentidos na situação.

Para professores em serviço, que trazem uma bagagem diferenciada sobre modos de aprender e ensinar, a circulação de tais gêneros e a aproximação a novos princípios éticos e mentalidade próprios a esses letramentos podem parecer uma ameaça que dificulta ainda mais o alcance das metas estabelecidas para o ensino da língua escrita e a formação de jovens para a participação cidadã. No entanto, subjaz a essa representação uma visão equivocada sobre os modos como as pessoas interagem e se apropriam de produções culturais que circulam em diversos âmbitos sociais, para além do escolar, sobre os próprios resultados do processo de escolarização,[2] bem como sobre o papel da escola como via para a participação social mais igualitária. Entender o teor das problematizações elencadas pela psicologia do desenvolvimento, estudos do letramento e teoria do currículo pode ser útil para desmitificar a importância atribuída aos efeitos da escrita, assim como questionar certas posições que associam de modo inequívoco educação escolar a mobilidade social e prosperidade; qualidade de vida; sustentabilidade ambiental; exercício ativo da cidadania; desenvolvimento cognitivo e tomada de consciência sobre a realidade social; intervenção em processos sociais de opressão e de dominação econômicos que perpetuam relações de desigualdade, entre outros aspectos.

2. A escolarização e o domínio da escrita como vias para a participação social: reflexões sobre mitos socialmente naturalizados

De modo geral, a escolarização e o consequente domínio da língua escrita têm sido apontados como elementos catalisadores de mudança social e de desenvolvimento. Os discursos decorrentes desse pressuposto, no plano nacional e internacional, têm conformado políticas educacionais e culturais, projetos, programas governamentais e ações de iniciativa da sociedade civil. Atribui-se a esse processo a possibilidade de remissão de desigualdades sociais, compreendendo-os ainda como condição de cidadania e existência digna para as pessoas, e até um potencial humanizador. É pressuposto que

---

2. Cf. Oliveira e Vóvio (2009).

o desenvolvimento social e econômico de grupos e sociedades está condicionado à alfabetização e aos níveis de escolarização da população, crença produzida e compartilhada tanto por países em desenvolvimento, como por organismos internacionais que induzem políticas e compromissos para o conjunto desses processos. Também, nas últimas décadas, tem-se apostado no potencial da instituição escolar para distribuir um bem social: educação escolar para todos, com condições igualitárias para usufruto desse processo (Van Zanten, 2000; Dubet, 2004; Brooke e Soares, 2008).

Na contramão dos supostos efeitos e consequências da escolarização como essencial para o avanço econômico e caminho seguro para a ascensão social (melhores empregos e remuneração para o indivíduo), a literatura tem apontado para uma direção diametralmente oposta: a escola e o domínio da escrita têm sido historicamente explorados não como vias de acesso, mas sim canais e justificativas para a manutenção de desigualdades e para a segregação social (Graff, 1990, 1994). Kaztman (2001) assevera que o sistema educativo, em países latino-americanos, não se encontra habilitado para redimir os processos de pobreza, de desigualdade e de crescente segmentação do mercado de trabalho; em suas palavras, esse fato é "um dos principais nós do dilema social contemporâneo" (Kaztman, 2001, p. 176). Tal complexidade reflete aquela própria de sociedades altamente diferenciadas e hierarquizadas, nas quais se edificaram crenças e necessidades coletivas no que se refere à posse e aos usos da escrita e se produziram clivagens em relação ao acesso e à difusão de práticas, de competências e de objetos culturais (Lahire, 2002, 2006). Esse debate relaciona-se aos significados, aos efeitos e aos resultados atribuídos a ambos os processos, se heterogêneos ou homogêneos,[3] e à possibilidade de que as experiências escolares e aprendizagens decorrentes convertam-se em requisitos, com o potencial de franquear ou interditar a participação em outras situações e contextos, como os das TDICs.

---

3. Cf. Oliveira e Vóvio (2009).

Dada a centralidade da educação escolar, diferentes perspectivas teóricas nos permitem entender os papéis sociais, as metas e as promessas propagadas durante todo o século XX. Muitos pesquisadores nesse período dedicaram-se ao estudo comparativo entre sociedades letradas e não letradas, investigando o funcionamento cognitivo de pessoas em diferentes culturas, buscando explicações e generalizações sobre o papel das diferenças interculturais nos processos de pensamento.[4] Segundo Tulviste (1991), nos estudos interculturais, uma constatação unânime é a de que a escolarização, mais que qualquer outro fator, promove transformações no pensamento, gerando diferenças na maneira de enfrentar as tarefas propostas nas investigações.

A constatação — originária dessas e de outras investigações — de que a alfabetização e a escolarização são responsáveis pelo desenvolvimento de processos cognitivos abriu um campo estimulante para os pesquisadores que se dedicam ao estudo da mente humana. Contudo, as lacunas deixadas por essas investigações colaboraram para colocar em xeque os efeitos desse processo em nível individual — se homogêneos e universais — e em nível social — se há transformação das sociedades decorrente de ambos os processos. Tratar da escolarização e da alfabetização em sociedades complexas implica abarcar relações operadas entre e no interior de classes e grupos que evidenciam fenômenos sociais como: a desigualdade no acesso e no compartilhamento de práticas sociais consideradas altamente desejáveis e a legitimidade de certos modelos culturais capazes de constituir modos de pensar, valores e formas de agir "transmitidos" na escola (Lahire, 2006).

Graças ao caráter de legitimidade da escolarização, cria-se uma distinção baseada na crença de que a socialização de longa duração na escola, pautada pela apropriação da língua escrita e pela ação reflexiva sobre certos objetos do conhecimento, levaria, de modo inequívoco, ao desenvolvimento de formas superiores de pensamento.

---

4. Ver as pesquisas de Luria (1986), Scribner e Cole (1981), Olson e Torrance (1985), Tulviste (1991) Tfouni (1988), entre outros.

Os efeitos dos fenômenos da legitimidade e da desigualdade, da crença no poder modificador da escola, relacionam-se, portanto, ao processo de distinguir sociedades, grupos e pessoas. Nessa operação, privilegia-se "uma formação social como se fora natural ou universal ou, pelo menos, o ponto final de uma progressão normal do desenvolvimento de destrezas cognitivas" (Gee, [1986] 2004, p. 38).[5]

É fato que o sistema escolar dispõe dos meios para promover aprendizagens e para atender às demandas sociais em relação à formação dos sujeitos. Também é fato que a escolarização constitui parte das atividades centrais exercidas por crianças, adolescentes e jovens,[6] sendo basilar na própria concepção de desenvolvimento em sociedades letradas. No entanto, essa escolarização está alicerçada no princípio meritocrático[7] (Dubet, 2004), em consonância com uma visão hierárquica social mais ampla (das relações sociais e/ou com o conhecimento) e com valores fundados na diferença, seja nos níveis e progressão que organizam o sistema (ensino fundamental, médio e superior, por exemplo), seja nas oportunidades de formação oferecidas (educação regular, "suplência", ensino profissionalizante, por exemplo). Tal constatação implica conceber as práticas empreendidas no contexto escolar como engendradas nos processos de distribuição de oportunidades em nível social, interferindo desde muito cedo nos percursos e possibilidades dos estudantes que representam diferentes grupos, já que desigualdades de caráter social intervêm nas trajetórias escolares e nas desigualdades escolares (Lahire, 2002; Dubet, 2004).

---

5. Na versão consultada, "[...] una formación social como si fuera natural lo universal o, por lo menos, el punto final de una progresión normal del desarrollo de destrezas cognitivas [...]".

6. A esse respeito, recomenda-se consultar autores da Psicologia filiados à abordagem histórico-cultural, tais como Vygotsky, Luria, Davidov, Leontiev, entre outros.

7. Dubet (2004) afirma que as sociedades democráticas assentaram a escolarização de massa tendo como princípio o mérito, no qual a competição não é perfeitamente justa. Segundo o autor, "a abertura de competição escolar objetiva não elimina as desigualdades" (p. 542) e ainda não se conseguiu reduzir "a diferença quanto aos resultados favoráveis entre categorias sociais e permitir que todos os alunos entrassem na mesma competição" (p. 541), pois necessariamente não gozam das mesmas condições. Nas palavras do autor, há "uma certa crueldade do modelo meritocrático", já que os alunos que fracassam são responsabilizados pelo próprio fracasso, não sendo "vistos como vítimas de uma injustiça social" (p. 543).

Variados autores da teoria crítica do currículo[8] têm refletido, desde os anos de 1970, sobre a contribuição do processo de escolarização na constituição de uma sociedade hierarquizada e desigual. Questionando a visão otimista dos educadores liberais, teóricos da tradição marxista também enfatizaram que os sentidos construídos na sala de aula eram afetados não só pela relação entre o professor e seus alunos, mas também pelas condições sociais, políticas e econômicas que determinam o conhecimento; a natureza das relações sociais; e os modos de avaliação privilegiados pela instituição escolar, em tempos e espaços sociais distintos. São essas forças macroestruturais que em última instância caracterizam a textura ideológica da sala de aula e da escolarização. Dentro de uma perspectiva da modernidade, a teorização marxista classificou o papel reprodutor da escola em três esferas principais: econômica, cultural e política.

Dentro dessa interpretação teórica, o sistema escolar contribui diretamente para a construção de uma sociedade hierárquica e para as configurações ideológicas que a sustentam, com base em um esquema de reprodução cultural que elege as competências linguísticas e culturais — um conjunto de sentidos, valoração de estilos, modos de pensar e agir — dos grupos hegemônicos, ao mesmo tempo que desqualifica os referentes linguísticos e culturais dos demais grupos sociais (Bourdieu, 1992). Na esfera política, o caráter meritocrático da educação atua na produção e legitimação dos imperativos ideológicos e econômicos que apoiam a hegemonia do Estado. Essa abordagem, portanto, entende a escola não como uma ponte de acesso à "inclusão" social, mas sim como uma via para que certos processos de ordem social sejam reproduzidos e mantidos, justificando a estratificação social.

Tanto estudos no campo da teoria do currículo, apoiados na ideia de reprodução social, como aqueles no campo da Sociologia da Educação, que têm como objeto a compreensão dos "mecanismos por meio dos quais uma sociedade transmite a seus membros seus saberes, o

---

8. Cf. Giroux (1983), Aronowitz e Giroux (1986), Apple (1982).

saber-fazer e o saber-ser que ela estima necessários à sua reprodução" (Van Zanten, 2000, p. 1), têm explicitado que para certos grupos sociais o acesso a conhecimentos e modelos de ação social via escolarização configura-se de modo bastante desigual. Como decorrência, favorecem a construção de trajetórias de insucesso para muitos, especialmente para os pertencentes às camadas em condição de maior vulnerabilidade social. Tal constatação denota que há uma estreita ligação entre as desigualdades socioeconômicas e as educacionais, que se imiscuem entre os diferentes segmentos sociais (segundo condição de renda, etária, étnico-racial, de sexo etc.). Indica ainda que, paradoxalmente, a expansão massiva da escolarização parece contrapor-se à possibilidade de essa instituição assumir sua função social de oferecer às novas gerações o conhecimento acumulado pelas anteriores e habilitá-las para "construir sobre esse conhecimento e criar novo conhecimento" (Young, 2014, p. 226), bem como "diminuir o impacto da posição social no sucesso escolar" (Brooke e Soares, 2008, p. 22).

Compreender a escolarização como prática cultural situada, atravessada por hierarquias e condicionantes sociais e, como tal, produzida a partir de sistemas culturais de significação implica pensar, especialmente para pessoas jovens e adultas não ou pouco escolarizadas, que "passar pela escola não garante o desenvolvimento tipicamente escolar, assim como não passar por ela não impede que isso aconteça" (Oliveira, 2009, p. 238). Tal proposição remete à questão da heterogeneidade na conformação do psiquismo, colocando em suspeição possíveis efeitos advindos da participação no universo escolar.[9] Segundo Oliveira (2009), é preciso substituir uma perspectiva generalizante sobre os efeitos da escola e visões abstratas e homogêneas sobre o adulto, tomando a cultura como princípio explicativo da mente humana. Nesse sentido, para além da escolarização e do domínio e uso da linguagem escrita, práticas e pertencimentos culturais em diferentes esferas sociais — a do trabalho, da participação em atividades associacionistas, entre outras — constituem fontes relevantes de desenvolvimento psicológico desses jovens e adultos.

---

9. Ver Oliveira (2009), Oliveira e Vóvio (2009), Vóvio (1999).

Os efeitos e impactos do domínio e uso da escrita no funcionamento cognitivo — como não poderia deixar de ser — também frequentam o âmbito dos Estudos da Linguagem. Os Estudos do Letramento filiados a uma perspectiva sócio-histórica e cultural, como quer Street (1984, 2008, 2010), trazem uma perspectiva fundamental para a compreensão dos processos de produção, circulação e apropriação da cultura escrita. Para tal perspectiva, designada *New Literacy Studies* — NLS (Novos Estudos do Letramento), letramento diz respeito ao conjunto de práticas discursivas, às formas de usar a língua e outorgar sentido tanto à fala como à escrita. Trata-se de práticas discursivas constituídas a partir da língua escrita, concebidas como variáveis no tempo e espaço sociais, e que se encontram integralmente conectadas às possibilidades de construção identitária daqueles que as realizam. Os NLS propõem ainda um reposicionamento das pesquisas etnográficas e interculturais, deixando de lado a prática de comparações e distinções e abrindo espaço para a percepção das diferenças, não como equivalentes, nem como déficits, mas como possibilidades inscritas e socialmente situadas (Gee, 2004; Kalman, 2004; Kleiman, 1995; Street, 1984, 2008, 2010; Stromquist, 2001).

Para a abordagem NLS, as possibilidades de ação e de tomar parte em práticas culturais, bem como capacidades e repertórios construídos, são variáveis, instanciadas pelos instrumentos culturais de que dispõem e de que podem lançar mão para agir e, mais importante, mediadas por relações interpessoais. Essa abordagem indica, como afirma Street (2008), que a dicotomia ou fronteira entre pessoa alfabetizada/escolarizada e não alfabetizada/não escolarizada é menos óbvia do que muitos estudos[10] tentam demonstrar, já que se dá visibilidade às múltiplas situações nas quais a escrita se faz presente e necessária para atingir certos propósitos. Reafirma que as práticas de letramento são cultural e socialmente determinadas e, por isso, devem ser examinadas nos contextos específicos de sua produção, o que coloca sob suspeita a determinação daquilo que pessoas e grupos sociais podem realizar com e a partir da língua escrita e a atribuição

---

10. Ver Goody (1987), Olson e Torrance (1995).

de qualidades aos escolarizados/alfabetizados em detrimento dos não escolarizados/analfabetos.

O funcionamento da mente humana não é tomado como mero resultado do domínio de tecnologias, mas imbricado nos contextos, papéis, objetivos e formas de interação que guiam os sujeitos em atividade e, portanto, seus efeitos sociais e cognitivos não se encontram predeterminados, mas à mercê das atividades interativas e dos sentidos negociados nos processos de apropriação dessas tecnologias. É nesse espaço da apropriação (Certeau, 1994) que se insinua outra produção que origina gestos, pensamentos, gostos, disposições, discursos e práticas diversos daqueles previstos pelos produtores dessas tecnologias.

No que tange ao desenvolvimento e aos saberes de pessoas jovens e adultas, especialmente para o campo dos estudos da Psicologia do Desenvolvimento, Oliveira (2009) postula a necessária revisão dos modos como esses sujeitos são geralmente avaliados a partir de um modelo, um personagem adulto, supostamente universal, que poderia constituir-se como ponto final de um percurso evolutivo (ocidental, branco, pertencente à camada média da população, com um nível instrucional elevado, com inserção no mundo do trabalho, em ocupações qualificadas). Também problematiza os modos como são vistos os efeitos da escolarização no desenvolvimento humano, e, em consequência, a oposição característica entre escolarizado ou não escolarizado, como personagens cujo psiquismo pode ser facilmente configurado em oposições (mais aptos *versus* menos aptos; pensamento sofisticado *versus* modos de operar menos aprimorados; mais capacitados *versus* menos etc.). Sendo a cultura um elemento constitutivo do psiquismo humano, não havendo características psicológicas preexistentes à historia concreta do sujeito, a autora conclui que "a heterogeneidade é um resultado necessário dessa construção" (Oliveira, 2009, p. 28), e que a mente humana deve ser compreendida a partir das atividades das quais os sujeitos tomam parte e "os correspondentes instrumentos, signos e modos de pensar" (p. 368) que estão implicados nessas situações. Para a autora, "a escola como instituição social deixou de ser a questão central a ser pesquisada e o adulto pouco escolarizado deixou de ser o sujeito da investigação" (p. 328). A escola, nesse sentido, passa a ser considerada "um entre muitos fatores de uma complexa configuração que constitui o sujeito em sua singularidade", situado social e historicamente, apreendido nas possibilidades das relações entre cultura e desenvolvimento psicológico e dos próprios sistemas de significação cultural que circunscrevem os sentidos atribuídos às práticas e aos modos de participação dos sujeitos.

Essa abordagem exige, portanto, considerar as elaborações, os procedimentos e as demandas a que os sujeitos devem responder em diferentes situações de seu cotidiano e as posições em que se encontram tanto nos eventos como no campo social mais amplo, já que nas ações humanas entram em jogo as relações de poder, as tensões e as desigualdades que caracterizam a vida social, política e econômica (Zavala, Niño-Murcia e Ames, 2004). É produtiva também para observar as práticas de letramento digitais, as apropriações das TDICs e as singularidades que conformam tais processos. Longe de buscar universais, essas produções emergentes têm como propósito pôr em relação cultura, formação humana e educação, focalizando o heterogêneo a partir da variedade de situações sociais e práticas socioculturais com as quais um mesmo sujeito ou grupos lidam em sua vida cotidiana. Esses estudos operam no sentido do (re)conhecimento do conjunto de experiências, de trajetórias formativas múltiplas e do modo como os sujeitos as significam.

A preocupação com a diversidade cultural já apontada pelas orientações da teoria crítica do currículo foi retomada e aprofundada nos avanços realizados pelas teorias multiculturais que nos permitem entender de forma mais clara a diversidade, hibridação e processos de reconversão[11] que constituem a malha social, ainda mais salientes no contexto pós-moderno. Dentro dessa orientação, as identidades culturais são entendidas como múltiplas e fluidas e não tão estáveis.

---

11. Cf. Canclini (2006).

A quebra de barreiras do espaço e do tempo, propiciada pelas TDICs, leva-nos a rever noções tradicionais de comunidade e os padrões de contato entre grupos sociais. Nessa direção, as teorias pós-críticas de currículo (Silva, 2000) refletem sobre a natureza difusa das fronteiras sociais e culturais no contexto pós-moderno e defendem a construção de um poder mais descentralizado, no qual os movimentos pela igualdade e justiça social estão diretamente relacionados ao reconhecimento da diversidade.

3. Tecnologias e participação social

Embora sejam muitas as promessas que colocam a escolarização e o domínio da linguagem escrita e seus usos como centrais para a criação de uma sociedade mais igualitária e desenvolvida, os resultados de pesquisas e o cenário educacional tendem a contestar a eficácia dessas alternativas. Na atualidade, essa problemática persistente no debate das políticas educacionais e culturais, bem como no campo educacional e pedagógico, parece revitalizar-se com outras questões, tais como aquelas que conferem grande relevância aos modos de construção, socialização e difusão de conhecimentos mediados pelas TDICs. Tais tecnologias são ainda pouco exploradas nas práticas educacionais dos diferentes segmentos da população, mesmos daqueles mais favorecidos, especialmente porque tais práticas parecem fundadas na tradição grafocêntrica; uma tradição que naturalizou a crença de que as práticas de uso da língua escrita constituídas a partir de suportes impressos são capazes de estabelecer pontes eficazes para garantir o acesso de todos ao acervo cultural acumulado ao longo da história e, especialmente, para a participação em práticas de letramento em ambientes digitais.

A esse respeito há mitos que precisam ser reavaliados, além daqueles já apontados. Se analisarmos a história da escrita, é possível depreender que, desde sua origem, o acesso e o uso dessa tecnologia sempre foram privilégio das camadas economicamente favorecidas,[12] o que pode ser explicado por pelo menos dois fatores de ordem socioeconômica. O primeiro refere-se ao acesso desigual de certos grupos sociais ao processo de escolarização, o que pode ser tomado como paradoxal diante da função e expectativas sociais delineadas para a instituição escolar. O segundo fator, igualmente importante, e que tende a ser silenciado, é a desigualdade no acesso e usufruto de produções culturais escritas da população brasileira, que tendem a seguir os mesmos padrões da desigualdade social mais ampla. Essa desigualdade se revela seja por meio da posse dessas produções (livros, revistas, jornais, por exemplo), que exigem certo nível de renda e poder aquisitivo, seja pela distribuição de oportunidades de conhecer como essas produções são construídas e circulam socialmente, seja pelo desenvolvimento de capacidades e conhecimentos implicados em seus usos sociais.[13] A escrita sempre foi e ainda é uma tecnologia cara: seu processo de reprodução e distribuição é oneroso, o que explica por que durante séculos ela tenha ainda uma circulação e usos restritos à elite econômica de diferentes países.

Mesmo com o avanço da tecnologia de suporte e principalmente com o advento da imprensa, que propiciou a reprodução em larga escala de material escrito, houve de fato uma ampliação da disponibilidade dessas produções, mas a questão do custo foi apenas minimizada e não solucionada.[14] A título de ilustração, apesar do amplo crescimento do mercado editorial na última década, dados da pesquisa

---

12. A retomada histórica de Roger Chartier (1998) sobre a história da leitura e do livro oferece uma visão panorâmica desse processo, que nos permite entender que custo e as relações de poder sempre foram barreiras para a socialização da escrita para as camadas mais populares.

13. Cf. Indicador Nacional de Alfabetismo (2011), Batista e Ribeiro (2004), Batista, Vóvio e Kasmirski (2015).

14. A produção de material impresso envolve o financiamento de um conjunto de setores intermediários — como, por exemplo, produção de papel, tinta, gráficas, editores, revisores, distribuidores, livrarias — que naturalmente encarecem o seu custo final antes de chegar ao consumidor. Além disso, quanto menor for o universo de consumidores do produto, como ocorre em países em desenvolvimento que contam com uma população letrada restrita e com um grupo limitado de pessoas com poder aquisitivo, as tiragens de publicação serão menores, o que encarece ainda mais o custo do produto final. Esse fenômeno pode ser constatado se

Inaf 2011 indicam que 11% da população com idade entre 15 e 64 anos não possui livros em casa e somente 6% da população tem acervos com mais de cem livros (Instituto Paulo Montenegro; Ação Educativa, 2011). A compra de livros e material impresso no Brasil está acima das posses das camadas mais pobres da população. Esse crescimento do mercado editorial parece ligado às políticas educacionais e culturais, que têm o Ministério da Educação e o Ministério da Cultura como grandes compradores e disseminadores de livros.[15] Especialmente para segmentos em condição de vulnerabilidade social, a compra de livros, de assinaturas de jornais e de revistas representa um investimento alto, até mesmo para parte significativa dos profissionais da educação pública é oneroso. Adicionalmente, há também necessidade de acatarmos o fato de que a distribuição desse tipo de material também foi historicamente desigual, se contrastarmos as regiões mais e menos desenvolvidas do país.

    A promessa de acesso a material escrito, através da implantação de bibliotecas públicas, de centros e salas de leitura também precisa ser devidamente modalizada. Com base em dados da Pesquisa Inaf 2001, Britto (2004, p. 17) assevera que "a ideia de biblioteca como espaço institucional para uso coletivo de livros e, consequentemente, do direito à leitura não está presente no Brasil". Os resultados sobre frequência à biblioteca do Inaf 2009 confirmam essa conclusão: somente 19% da população com idade entre 15 e 64 anos declarou frequentar esses espaços e, destes, 67% frequentaram para retirar livros (Instituto Paulo Montenegro; Ação Educativa, 2009). Além disso, a localização dessas bibliotecas e os horários de funcionamento, as regras colocadas para consultas e empréstimos sempre foram uma dificuldade adicional para os indivíduos que trabalham e vivem na periferia das grandes cidades ou em comunidades afastadas dos grandes

---

compararmos o custo de livros no Brasil com o preço de exemplares publicados em países desenvolvidos, que têm o privilégio de uma renda *per capita* mais alta.

    15. A esse respeito, ver os recursos investidos na compra de livros e revistas educacionais pelo governo federal, governos estaduais e municipais. Especialmente, o Programa Nacional Biblioteca da Escola (PNBE) e Programa Nacional do Livro Didático (PNLD).

centros. Até no contexto de algumas escolas públicas, visando à preservação do acervo, as normas internas impedem o acesso dos alunos aos volumes disponíveis.

Indo além das questões de acesso, é pertinente também avaliarmos que, embora a tecnologia da escrita tenha sido um canal eficaz para registro de um imenso acervo de produções culturais ao longo da história humana, os registros a que temos acesso na atualidade são produtos de triagens rigorosas que autorizaram e financiaram o que deveria ou não ser registrado na forma escrita. Esse processo contribuiu para a difusão e o prestígio de determinadas vozes e saberes culturais e o silenciamento e o apagamento de outros.[16]

Os custos envolvidos no processo de reprodução textual e as dificuldades inerentes ao processo de distribuição mais ampla são barreiras que justificam o fato de haver, mesmo em comunidades em que há uma maior circulação de textos impressos, um contingente grande de leitores, mas um número pequeno de pessoas que assumem o papel de produtores de textos fora de contextos formais nos quais "a escrita é [ainda] o arame farpado do poder" (Gnerre, 1985).

Diante desse breve panorama, parece oportuno avaliarmos o que pode potencialmente mudar com o advento das TDICs. Acatando as colocações de Certeau (1994) — de que os efeitos cognitivos e sociais de qualquer tecnologia estão à mercê das atividades interativas e dos sentidos negociados no processo de apropriação dessas tecnologias —, entendemos que diferentes barreiras ao acesso a textos escritos, assim como o isolamento de determinadas comunidades, justificam o fato de determinados grupos privilegiarem a formação da cultura através de práticas orais; e isso se dá mesmo quando existe a oportunidade de tais grupos serem expostos a inúmeros eventos de letra-

---

16. Mesmo acatando a existência de produções literárias populares, como é o caso da literatura de cordel e jornais de circulação comunitária (Maia, 2013), as tiragens desse tipo de obra sempre foram limitadas e a circulação tende a ser mais local. Muitos saberes locais, com o passar do tempo, se perdem à medida que os indivíduos migram para centros mais desenvolvidos em busca de melhores condições de trabalho e afastam-se da exposição de ensinamentos transmitidos de forma oral nas interações de suas comunidades de origem.

mentos fora de suas fronteiras comunitárias, como ocorre com os grupos periféricos dos grandes centros urbanos.

3.1 Uma mirada otimista para os efeitos das TDICs

Em uma mirada mais otimista, as TDICs colocam-se como alternativas viáveis para aplacar os efeitos nocivos de segregação e isolamento de certos grupos em condição de vulnerabilidade social, de outros setores sociais capazes de difundir normas, valores, modelos de ação e comportamentos dominantes e socialmente valorizados. Segundo Kaztman (2001), as metrópoles latino-americanas têm sofrido os efeitos de transformações recentes em sua estrutura social no que se refere tanto ao mercado de trabalho como a certas estruturas de oportunidades. Um dos principais resultados apontados pelo autor é o isolamento progressivo dos pobres, em determinados territórios, restringindo as possibilidades desses grupos de estreitarem relações com pessoas de outros grupos sociais, já que se reduzem as oportunidades de acumular capital social e cidadão e se observa sua progressiva segregação. As barreiras erguidas para o deslocamento socioespacial e para o acesso à informação e os filtros que promovem o apagamento ou desqualificam vozes locais são mecanismos que se voltam para a ocultação de diferenças e de tensões sociais, naturalizando discursos que mantêm e produzem sociedades estratificadas.

Apesar de os equipamentos necessários ao acesso (dispositivos digitais) e a conexão com a internet envolverem custos, um único dispositivo digital com conexão à internet permite acesso e publicação de um conjunto ilimitado de informações. Quebrando as barreiras de tempo e espaço, esses equipamentos favorecem diferentes tipos de interações entre os diversos estratos socioeconômicos, o que pode gerar oportunidades para a ampliação de capital social, coletivo e, até mesmo, cidadão. Trata-se de colocar em contato diferentes e diferenças, o que pressupõe a circulação dos indivíduos em distintas esferas sociais, com acesso amplo aos discursos produzidos ou privilegiados nessas esferas.

Uma breve listagem dos diferentes avanços técnicos ajuda a entender por que a tecnologia subjacente à rede mundial de computadores (WEB) — concebida originalmente para fins militares e posteriormente apropriada e ampliada pelo processo de globalização do mercado[17] — ganhou espaço em meios acadêmicos e tornou-se gradativamente cada vez mais popular e onipresente em diferentes práticas sociais. Essa rede vem propiciando não só uma maior conexão entre indivíduos, como também o surgimento das chamadas "comunidades virtuais de interesse" ou "redes sociais virtuais", que contam com a participação de todas as camadas sociais. Diferentes tipos de avanços técnicos — no âmbito das máquinas, da conexão e de programas de interface — ofereceram os recursos que potencializaram a construção de uma nova realidade social: a sociedade em rede. Nesse espaço, a cultura é construída em esferas sociais cada vez mais diversificadas e híbridas, e os limites entre interações presenciais e não presenciais se tornam cada vez menos precisos e mais imbricados.

Revendo sucintamente esse percurso, assistimos a uma passagem das máquinas fixas — os computadores de mesa — a dispositivos externos que permitiram o transporte de conteúdos e *softwares* — disquetes de diferentes formatos, *hard disk* (HD) externos, *pen drives*. Em um movimento paralelo, a tecnologia de suporte evoluiu para máquinas cada vez mais leves, sofisticadas e portáteis, como *notebooks* e *tablets*, entre outros, facilitando o uso desses recursos em diferentes contextos sociais. Em relação aos grupos de baixa renda, o acesso às TDICs, inicialmente, se deu através de iniciativas governamentais e não governamentais que criaram centros de informática para usos coletivos. Gradativamente, equipamentos adquiridos por indivíduos particulares passaram a ser também usados de forma mais coletiva, por moradores de bairros mais pobres, em um processo paralelo ao

---

17. Disponível em: <http://en.wikipedia.org/wiki/History_of_the_Internet>.

que ocorreu no passado com o acesso inicial a programas televisivos — vizinhos se reunindo em torno de um único aparelho.

No entanto, o grande salto da tecnologia digital em direção a uma participação mais horizontal, entre as diferentes camadas socioeconômicas da população, deve-se tanto à criação das redes sem fio quanto à migração desses recursos para os aparelhos celulares. Em termos de tecnologia de suporte, os telefones celulares foram sendo gradativamente sofisticados, passando a ser explorados como aparelhos multifuncionais: gravadores, máquinas fotográficas, filmadoras, agendas, relógios, entre outras possibilidades de uso. O avanço mais significativo, no entanto, veio com a possibilidade de conexão desses aparelhos com a rede mundial de computadores: os *smartphones*.

No caso especifico do Brasil, os pobres residentes nas grandes metrópoles sofrem um isolamento progressivo em determinados territórios (Kaztman, 2001), o que restringe suas possibilidades de interações com outros grupos sociais. Para esse segmento, os diferentes avanços nas tecnologias a serviço da comunicação abriram brechas participativas inovadoras, a começar pela implantação no país da telefonia móvel, que facilitou o contato com pessoas não presentes de imediato na comunidade e viabilizou uma ampliação do mercado de trabalho, já que o consumidor passa a ter acesso direto aos trabalhadores que atuam de forma autônoma na oferta de serviços específicos. Esse tipo de conexão foi bem-vindo pela população dos mais diferentes setores sociais, como revela a expansão das provedoras de telefonia móvel no Brasil, permitindo que, com o auxílio de um único aparelho, os indivíduos possam participar como autores e produtores dos acervos da internet. Embora a tecnologia de suporte tenha tornado os dispositivos digitais multifuncionais e mais acessíveis às camadas de baixa renda, é importante salientar que, no âmbito técnico, os grandes avanços que viabilizaram a popularização das TDICs referem-se à geração da WEB 2.0.

A WEB 2.0 propiciou um avanço importante na direção da democratização das possibilidades de expressão das vozes locais, criando condições viáveis para a ampliação de capital social, coletivo e até mesmo cidadão. Em síntese, os recursos oferecidos por essa tecnologia abriram canais através dos quais o leitor passou a ter a possibilidade não só de acessar textos, mas também de compartilhar sua resposta diretamente com os autores dos materiais publicados e também com outros leitores que compartilhavam o mesmo espaço virtual. Mais importante, talvez, esses registros ocorreram à margem da triagem de comitês editoriais e sem custos de reprodução, já que os ambientes digitais permitem acesso ilimitado a uma mesma matriz textual, diferente do que ocorria com as demais mídias existentes.[18] Esse é um potencial que ampliou significativamente o espaço de circulação e visibilidade externa de indivíduos e grupos de todas as camadas sociais, e é mais promissor para os grupos de baixa renda, antes restritos, por razões econômicas, a interações e trocas culturais determinadas pelos limites geográficos ou locais de trabalho, onde as interações tendem à não horizontalização.

Além das questões relativas a acesso, circulação e contato interculturais, não é desprezível o impacto gerado pela ampliação das formas de registro de informações e a possibilidade de uso de múltiplas formas expressivas, para registro e socialização de conhecimento, sendo a língua escrita apenas uma delas. Manovich (2001) ressalta que a multiplicidade de linguagens que hoje constatamos nas publicações digitais não é fruto da tecnologia digital em si.[19] Elas, na realidade, já haviam sido criadas e circulavam na sociedade através de um conjunto de outras mídias. O grande avanço trazido pela tecnologia digital foi a possibilidade de explorar uma única forma de

---

18. A ausência de custo para registro e distribuição explica o elevado número de vídeos, imagens e textos escritos e orais que circulam nas redes sociais como Facebook, Youtube, *blogs*, *fotologs*, entre muitos outros.

19. As máquinas que viabilizaram a criação dessas novas linguagens, no entanto, sempre foram um tipo de consumo restrito às classes mais abastadas. Até a evolução para as chamadas "máquinas automáticas", a qualidade final de filmes e fotografias, por exemplo, demandava conhecimento especializado para ajuste de lentes. Mesmo assim, o material necessário para o registro, a revelação e as cópias sempre foi altamente oneroso, o que desestimulava o seu uso em práticas cotidianas, mesmo no caso dos grupos mais abastados. Ou seja, até a criação da tecnologia digital, esses recursos expressivos de registro de cultura e mesmo história pessoal estavam além do alcance da maior parte da população.

codificação de impulsos elétricos[20] para estocar e permitir a recuperação de diferentes registros de linguagens.

O desenvolvimento de plataformas, ambientes, assim como ferramentas de autoria e edição de textos verbais, sons e imagens, de acesso livre e com interfaces cada vez mais amigáveis, instigou a ampliação de produções *on-line*. As facilidades de implementações de *links* permitiram que a intertextualidade, que já existia nos textos escritos, fosse ampliada e afetasse de forma mais direta os modos de construção de conhecimentos, já que nos ambientes digitais o acesso às referências mencionadas pode ser feito de maneiira imediata, o que não ocorre na leitura de textos impressos. Em termos de mixagem de linguagens, os internautas passaram não só a se expressar de forma multissemiótica, como também começaram a explorar de forma inovadora a integração de tipos de informações aparentemente não relacionadas: os denominados *mishmash* — que representam novas formas expressivas e demandam novas habilidades de leitura e interpretação de textos que extrapolam as convencionais. Refletir, mesmo que de forma genérica, sobre essas mudanças ajuda a entender como a facilidade de expressão por outros canais de comunicação que não apenas o impresso pode ser apropriada de modo produtivo na expansão cultural de comunidades pouco ou não letradas.

Estudos, como o realizado por Gallois e Carelli, indicam que o uso de vídeos como forma de expressão foi eficaz no estabelecimento de experiências transculturais que permitiram a diferentes etnias indígenas superar distâncias geográficas, apropriando-se da tecnologia de forma particular e culturalmente relevante, já que sua apreciação passa pela imagem e sua apropriação é coletiva.

> Na comunicação entre povos que falam línguas ininteligíveis, as imagens se impõem sozinhas. Elas abrem espaço para a circulação de características

---

20. A linguagem digital, a linguagem binária (um e zero), se ancora em convenções de contato, e não em contato elétrico, que pode ser decodificado pelas máquinas e "traduzido" para a tela através das linguagens técnicas intermediárias que fazem a mediação da interface entre a máquina e o usuário.

culturais que essas sociedades sempre manifestaram através de gêneros não verbais: as coreografias de suas danças, os adornos, o gestual característico de diferentes atividades. (Gallois e Carelli, 1995, p. 63)

Essa experiência reforça uma afirmação já feita no presente estudo de que a apropriação de toda e qualquer tecnologia é sempre local e particular. Indica também que diferentes formas de registro das culturas locais podem ampliar o âmbito de circulação de saberes e valores particulares, e é uma alternativa para ampliar o poder de comunidades em situação de fragilidade social.

> Constata-se em primeiro lugar que o acesso ao vídeo amplia as possibilidades de comunicação, internas e externas, entre grupos indígenas. [...] quando colocados sob o controle dos índios [...] os vídeos são utilizados em duas direções complementares: para preservar manifestações culturais próprias a cada etnia, selecionando aquelas que desejam transmitir às futuras gerações e difundir entre aldeias e povos diferentes; para testemunhar e divulgar ações empreendidas por cada comunidade para recuperar seus direitos territoriais e impor suas reivindicações. (Gallois e Carelli, 1995, p. 63)

Essas interlocuções podem ser realizadas através das mídias analógicas, mas é preciso relevar que a mídia digital permite formas de registro menos onerosas e também propicia uma circulação que pode excluir a mediação de terceiros no transporte dessas produções de uma comunidade para a outra. A grande vantagem trazida pela internet foi justamente viabilizar conexões que quebram as barreiras de espaço e tempo. Reforçando essa questão, a pesquisa de Girardello, Pereira e Munarim (2013) afirma que computadores interligados à rede, com recursos de gravadores de voz, câmaras fotográficas e de vídeo, além de transmissores de rádios FM, permitem que povos Guarani revitalizem cada vez mais suas culturas, abrindo até mesmo novos espaços para diálogos com outros povos.

As pesquisas citadas mostram que as tecnologias digitais deixaram de ser de uso exclusivo das elites, como em seus primórdios. Em um âmbito mais geral, é importante ressaltar que, de maneira mais abrangente, a conexão em rede abriu espaço para formas mais coletivas de construção de conhecimento (Levy, 1998, 1999). Fora do contexto de educação formal surgiram as comunidades virtuais (CV), constituídas a partir de interações entre indivíduos que compartilham interesses comuns, e as comunidades virtuais de aprendizagem (CVA), que agregam indivíduos que buscam construir, de modo cooperativo, novos conhecimentos sobre questões específicas.

A agilidade e a facilidade de conexão entre diferentes foram ainda mais expandidas com a criação de ambientes específicos para uso em telefones celulares, como é o caso do Twitter, que permite a troca em rede de textos sintéticos, imagens e vídeos, que têm estimulado formas de comunicação em larga escala, que ocorrem muitas vezes em paralelo ao relato de eventos em tempo real, ainda sem a pressão da censura que caracteriza as mídias de massa tradicionais.

É previsível que esse conjunto de mudanças tenha afetado a natureza e também o acesso à própria escrita. Desde o início da WEB 2.0 surgem usos mais informais da escrita, repletos de abreviações, com características mais próximas das conversas informais, que passaram a ser denominados na imprensa e na literatura por um termo genérico específico: o "internetês". Práticas de produção de textos locais, a partir da construção de gêneros discursivos familiares a certos grupos, têm sido registradas e socialmente compartilhadas, embora opacas e ininteligíveis para sujeitos que não pertencem a essas comunidades e grupos. A internet, ao contrário do que alardeia a imprensa, não está "acabando com a capacidade de escrita da população como um todo". Os registros linguísticos verbais que circulam na rede revelam apenas a diversidade cultural e linguística constitutiva da sociedade.

É importante considerar também que mesmo em relação à aquisição de práticas de letramento e gêneros hegemônicos — meta central das práticas escolares —, a internet pode ser um canal aliado. A aquisição de língua depende de dois fatores fundamentais: (1) exposição a situações reais de uso e interação a partir da língua; (2) e reflexão sobre seu uso. Os livros didáticos e as práticas escolares sempre ofereceram oportunidades precárias para favorecer a apropriação das variáveis linguísticas hegemônicas para indivíduos não pertencentes aos grupos dominantes. Para os grupos periféricos, a internet oferece diferentes oportunidades de imersão linguística: os usuários podem circular por diferentes situações comunicativas, algumas mais formais que outras, tais como acesso a textos de leitura, palestras, conferências e entrevistas ou que circulam na rede. Para muitos, esse tipo de contato social é impedido por diversos tipos de barreiras que excluem a interação entre grupos diferentes: fatores como condição de renda, étnico-racial, idade, aparência física e variante linguística interferem na participação de indivíduos de grupos sociais específicos em certas práticas. Pensando nessa direção, a tela esconde marcas da diferença, permitindo uma maior proximidade social entre os diferentes. O escudo da tela também permite que o leitor teste sua competência interagindo efetivamente em diferentes situações comunicativas, já que a exclusão e as sanções sociais nas interações face a face podem ser mais ameaçadoras. A internet potencialmente oferece mais possibilidades de exposição e uso de gêneros hegemônicos do que aqueles que são oferecidos na educação escolar, para aprendizes que de fato queiram e percebam o sentido político de apropriar-se dessas novas formas expressivas.

Embora esse conjunto de possibilidades seja bastante promissor, ele permanece potencial. Nenhuma tecnologia é boa ou ruim por si só: depende do uso que fazemos dela. Isso nos leva às considerações finais deste texto, que busca delinear motivos para considerarmos com a devida prudência muitos desses avanços.

4. O outro lado da moeda: um olhar mais cauteloso sobre as TDICs

Uma reflexão mais ampla sobre as TDICs pode abrir novas possibilidades de ampliação cultural e participação social da população de adultos pouco e não escolarizada. É importante considerarmos as diferentes brechas participativas que as TDICs abrem para acesso a informações, interações e novas formas de expressão, produção e socialização do conhecimento; no entanto, há sempre o outro lado da moeda que precisa ser considerado nesse processo. A cibercultura e a inteligência coletiva, delineadas nos estudos de Levy, não se constroem às margens das disputas de poder, das hegemonias discursivas e da estratificação de classes sociais.

O estudo de Carvalho e Gabrich (2008) revela que a visibilidade permitida pelos meios digitais a determinadas posições ideológicas não ocorre em uma esfera social ideologicamente neutra: posições podem ser distorcidas ou enfraquecidas nas lutas travadas em âmbito discursivo dentro e fora do universo *on-line*. A pesquisa dos autores cita uma matéria produzida pelo jornalista Altino Machado, publicada em um *blog* e uma revista *on-line*, com o intuito de mobilizar a opinião pública contra a ação dos madeireiros nas terras onde vivem as tribos de índios isolados nas florestas do estado do Acre. Essa matéria foi ilustrada com uma foto antiga desses índios, retirada dos arquivos da Funai, e a notícia ganhou destaque ao ser comentada em outros *blogs*, na mídia impressa tradicional, e também no circuito transnacional. A publicidade dada a essa questão levou o governo do Acre a tomar medidas concretas de policiamento para impedir a ação dos madeireiros. Mais tarde, um correspondente de uma mídia internacional de prestígio desqualificou o ineditismo das fotos — cuja originalidade não tinha sido alegada pelo jornalista que redigiu na matéria inicial — e, com base nessa avaliação, qualificou a denúncia de invasão das terras indígenas como uma fraude. Esse posicionamento teve como consequência prática o fortalecimento dos interesses dos madeireiros, que passaram a explorar as terras dos índios isolados do lado peruano.

No âmbito macrossocial, discutindo configurações de poder da sociedade em rede, Castells (1999) não apresenta uma visão otimista quanto a uma participação social e política mais igualitária, mas faz um alerta para um novo modo de estratificação social. Imposto agora em escala global, essa nova configuração confere hegemonia aos grupos informatizados e conectados e fragiliza e exclui de forma ainda mais radical os grupos e indivíduos "não conectados". Uma crítica em direção semelhante pode também ser encontrada nos estudos de Bauman (2003, 2007). Discutindo os dilemas da contemporaneidade, o autor analisa, na sociedade moderna e pós-moderna, as normas do capitalismo que instigam uma competição individualista e meritocrática. Embora ofereça uma gama mais ampla de escolha identitária para os indivíduos, essas normas também comprometem seriamente o estreitamento e os compromissos desses indivíduos com seus laços comunitários, além de não contemplarem questões éticas que levem em consideração o bem-estar coletivo. Na perspectiva desse autor, a nova ordem do capitalismo deu origem a uma elite global desterritorializada, que circula em uma esfera internacional, o que explica um descompromisso com problemas locais e coloca em situação de maior desamparo e insegurança social as comunidades historicamente desfavorecidas.

No âmbito local, a pesquisa de Buzato (2007) indica que, embora haja a possibilidade de extrapolar fronteiras geográficas e culturais, isso não ocorre necessariamente. Muitas vezes, a internet é usada para a comunicação entre indivíduos que compartilham o que lhes é familiar: interação entre conhecidos do bairro, ou pessoas que têm algum tipo de vínculo com o seu círculo social mais próximo. Desde a realização dessa pesquisa ocorreram várias mudanças, inclusive em relação ao acesso às tecnologias digitais. No entanto, esse dado emite um alerta importante para o fato de que aquilo que a rede oferece de benefícios potenciais nem sempre é materializado na prática social efetiva. Outra questão a ser considerada, no plano das ações individuais, é o fato de que, mesmo que na era atual o acesso a informações e sua atualização seja essencial para a participação nas esferas de poder, o excesso e a diversidade de informações em circulação podem gerar uma saturação cognitiva prejudicial à construção de reflexões mais aprofundadas sobre determinadas questões. Isso indica que cada vez mais é fundamental os indivíduos desenvolverem filtros seletivos e críticos.

Em relação a esse conjunto de dilemas, embora tanto a escrita como a escolarização careçam de análises sem idealizações não comprovadas na práxis social efetiva, o processo de alfabetização e domínio de gêneros discursivos hegemônicos é ainda necessário para uma participação efetiva na sociedade, principalmente nos contextos que envolvem lutas e disputas de poder. Em pesquisa com sujeitos que cursavam Programas de Educação de Jovens e Adultos ofertados por escolas públicas na região noroeste do município de São Paulo, Brito (2012) indica que a maior parte deles utiliza as TDICs fora das escolas para se comunicarem, para se divertirem e aprenderem sobre temas relacionados a projetos pessoais, profissionais e ao acesso a conteúdos culturais de seu interesse. No entanto, assevera que a capacidade de navegação autônoma pode ser dificultada quando se observa o nível de escolaridade, capacidades e conhecimentos relativos à língua escrita.

O domínio formal da língua escrita e seus usos, seja na forma impressa ou mesmo nas publicações virtuais, ainda representa um canal de acesso a acervos culturais historicamente construídos, o que pode interferir no acesso a determinadas informações na construção de conhecimentos específicos. Esses saberes — implicados no domínio da tecnologia escrita e de seus usos, bem como das capacidades e conhecimentos inerentes a esses usos — mantêm em desvantagem social sujeitos não ou pouco escolarizados que, para acessar tais acervos culturais, dependem da criação de táticas,[21] de interfaces e modos mais colaborativos para tomar parte em práticas de letramento digital. A internet, assim como a existência de comunidades virtuais centradas em interesses e construção de conhecimentos específicos, abre na sociedade novos canais para a aprendizagem coletiva, mas não necessariamente exclui a necessidade de educação formal.

Nesse sentido, é preciso reconhecer que as formas de comunicação e construção de conhecimento mudaram e é necessário que a escola acompanhe tais mudanças. No momento atual, parece ser essencial pensarmos uma formação escolar que inclua os recursos oferecidos pelas TDICs como mais uma tecnologia a serviço da apropriação de conhecimentos existentes, assim como produção, revisão

---

21. Cf. Certeau (1994).

e socialização de novas perspectivas culturais. Para tanto, é necessário incorporar às práticas escolares novas práticas de letramento digital que impliquem a participação por meio da mobilização de gêneros multimodais e o conhecimento de como esses textos funcionam nas mais diferentes situações, sem eximir-se de explorar as tensões que as relações de poder impõem nessas interações. Também é preciso buscar práticas e propostas que explorem formas mais coletivas e interdisciplinares de construção de conhecimento (Braga, 2014).

Essa experiência na escola pode se coadunar com desenvolvimento, critérios de avaliação crítica e estratégias que permitam tanto o engajamento em modos mais independentes de aprendizagem automonitorada, quanto o desenvolvimento das habilidades comunicativas demandadas para a inserção e a participação efetiva em modos mais coletivos de aprendizagem, como aqueles hoje oferecidos pelas diversas comunidades que circulam em rede. No entanto, é preciso ressaltar que tais mudanças não podem ser concretizadas se as grades e os conteúdos curriculares permanecerem rígidos e tradicionais.

No plano material, para trazer a tecnologia para uso efetivo no âmbito escolar, é essencial levar em consideração um tripé básico que viabiliza esse tipo de mudança: acesso a máquinas (suporte), conexão com internet de qualidade (meio) e formação dos professores (mediadores). Se esses três fatores não forem contemplados em conjunto, dificilmente será criada na escola uma nova cultura de ensinar e aprender, adequada ao momento histórico atual. Ou seja, informatizar a escola através da compra de computadores ou *laptops* individuais, sem que as demais condições sejam observadas, pode resultar apenas em um desperdício de verbas.

Outras questões devem ainda ser exploradas, e as apontadas no presente texto buscam traçar uma visão mais abrangente de diferentes consequências sociais trazidas pelos avanços técnicos. O movimento de *software* livre indicou que o acesso aberto ao conhecimento técnico por todos os setores da comunidade técnica pode ser uma forma de distribuição do conhecimento mais democrática e viável, e também pode gerar avanços no conhecimento de forma mais rápida e eficaz que os modelos hierárquicos de construção de programas técnicos (Braga, 2007b).[22] A mediação de ferramentas técnicas de autoria tornou usuários leigos mais independentes para engajar-se na construção e publicação de conhecimento através de produções multimídia e hipermídia. Mas isso também deixou os leigos dependentes de programas cuja lógica subjacente lhes é obscura. O uso de ambientes gratuitos e as facilidades das ferramentas de busca oferecem informação para perfis estáticos de consumidores, embora isso nem sempre seja evidente. Precisamos estar alertas para explorar de forma socialmente construtiva e mais igualitária os novos espaços abertos para a participação social no meio virtual; um meio que amplia os caminhos de acesso para a expansão das culturas locais, mas também aponta a exigência de contemplar a possibilidade de incorrermos no erro de "colocar o carro na frente dos bois e o GPS na frente do carro".

Estratégias de aprendizagem que favoreçam localização de informações específicas, parâmetros de triagens e avaliação das informações consultadas são cada vez mais importantes para a construção do conhecimento em uma sociedade conectada em rede. Valores éticos, em uma escola que hoje enfrenta formas mais poderosas de desrespeito aos indivíduos, como é o caso do *cyberbulling*, apontam a necessidade de retomarmos nos contextos escolares um trabalho mais focado em valores éticos essenciais para a formação do cidadão, que precisa enfrentar os dilemas da sociedade atual na busca de relações sociais mais participativas, respeitosas e socialmente comprometidas.[23]

---

22. Braga (2007b) discute essa questão, mostrando diferentes posicionamentos de técnicos jovens diante de orientações ideológicas de dois movimentos: o *Free Software Movement* e o *Open Source*. O primeiro, de base anarquista, foi inicialmente liderado por Richard Stallman, e o texto clássico que define suas diretrizes é *The GNU operating system and the free software movement*. O segundo, mais voltado para questões de qualidade de produto e abertura de novas frentes de mercado no campo técnico, contou com a liderança inicial de Eric Raymond e seus princípios são defendidos em um texto que se tornou clássico nas áreas técnicas: *The cathedral and the bazar*.

23. A esse respeito, consultar Zygmunt Bauman: entrevista sobre a educação. Desafios pedagógicos e modernidade líquida. Disponível em: <http://www.scielo.br/scielo.php?script=sci_arttext&pid=S0100-15742009000200016>. Acesso em: 10 jan. 2015.

Referências

APPLE, M. *Education and power*. Boston: Routledge & Kegan Paul, 1982.

ARONOWITZ, S.; GIROUX, H. A. *Education under siege*: the conservative, liberal and radical debate over schooling. London: Routledge & Kegan Paul, 1986.

BATISTA, A. A. G.; RIBEIRO, V. M. M. Cultura escrita no Brasil: modos e condições de inserção. *Educação & Realidade*, Porto Alegre, número especial, 2004.

_____; VÓVIO, Claudia Lemos; KASMIRSKI, Paula Reis. Práticas de leitura no Brasil, 2001-2011: um período de transformações. In: _____; RIBEIRO, Vera Masagão; LIMA, Ana Lucia. *Alfabetismo e letramento no Brasil*: 10 anos do Inaf. Belo Horizonte: Autêntica, 2015. p. 189-238.

BAUMAN, Z. *Comunidade*: a busca por segurança no mundo atual. Tradução de Plínio Dentzien. Rio de Janeiro: Zahar, 2003.

_____. *Modernidade líquida*. Tradução de Plínio Dentzien. Rio de Janeiro: Zahar, 2007.

BOURDIEU, P. *O poder simbólico*. Rio de Janeiro. Tradução de Fernando Tomaz. Rio de Janeiro: Bertrand Brasil, 1992.

BRAGA, D. B. Leitura crítica: o lugar do ensino de língua. *Leitura. Teoria & Prática*, Campinas, Unicamp, v. 31, n. 1, p. 50-55, 1998.

_____. Developing critical social awareness through digital literacy practices within the context of higher education in Brazil. *Language and Education*, v. 21, p. 180-196, 2007a.

_____. Social interpretations and the uses of technology: a Gramscian explanation of the ideological differences that inform programmers positions. *Critical Literacy: Theories and Practices*, v. 1, n. 1, p. 80-89, 2007b.

_____. *Ambientes digitais*: teoria e prática. São Paulo: Cortez, 2014.

BRITO, B. M. S. *Jovens e adultos em processo de escolarização e as tecnologias digitais*: quem usa, a favor de quem e para quê? Dissertação (Mestrado) — Faculdade de Educação, Universidade de São Paulo, São Paulo, 2012.

BRITTO, L. P. de L. Sociedade de cultura escrita, alfabetismo e participação. In: RIBEIRO, V. M. M. *Letramento no Brasil*: reflexões a partir do Inaf 2001. São Paulo: Global, 2004. p. 47-64.

BROOKE, N.; SOARES, J. F. Introdução. In: _____; _____ (Orgs.). *Pesquisa em eficácia escolar*: origem e trajetórias. Belo Horizonte: Ed. da UFMG, 2008.

BUZATO, M. E. K. *Entre a fronteira e a periferia*: linguagem e letramento na inclusão digital. Tese (Doutorado) — IEL-Unicamp, Campinas, 2007. Acesso disponível na biblioteca *on-line* da Unicamp.

CANCLINI, N. G. *Culturas híbridas*: estratégias para entrar e sair da modernidade. Tradução de Ana Regina Lessa e Heloísa Pezza Cintrão. São Paulo: Edusp, 2006.

CARVALHO, D.; GABRICH, P. O encadeamento da imagem dos índios isolados da Amazônia na internet e a padronização da natureza. In: COLÓQUIO DE COMUNICAÇÃO E SOCIABILIDADE, 1., *Comunicação Midiática*: instituições, valores e cultura. Universidade Federal de Minas Gerais, Belo Horizonte, 12-14 nov. 2008.

CASTELLS, M. *A sociedade em rede*. Tradução de Roneide V. Majer e Jussara Simões. São Paulo: Paz e Terra, 1999.

CERTEAU, M. de. *A invenção do cotidiano*: artes de fazer. Tradução de Ephraim Ferreira Alves. Petrópolis: Vozes, 1994.

CETIC. B. R. Pesquisa sobre o uso das tecnologias de informação e comunicação no Brasil. *TIC Educação 2012* [livro eletrônico]. São Paulo: Comitê Gestor da Internet no Brasil, 2013.

CHARTIER, R. *Aventura do livro*: do leitor ao navegador. Tradução de Reginaldo de Moraes. São Paulo: Ed. da Unesp, 1998.

DUBET, F. O que é uma escola justa? *Caderno de Pesquisa*, São Paulo, v. 34, n. 123, dez. 2004. Disponível em: <http://www.scielo.br/scielo.php?script=sci_arttext&pid=S0100-15742004000300002&lng=en&nrm=iso>. Acesso em: 11 fev. 2015

GALLOIS, D. T.; CARELLI V. Apropriação do vídeo pelos índios: um instrumento de comunicação. *Horizontes Antropológicos*, Porto Alegre, ano 1, n. 2, p. 61-71, jul./set. 1995.

GEE, J. Oralidad y literacidad: del pensamiento salvage a ways with words. In: ZAVALA, V.; NIÑO-MURCIA, M.; AMES, P. (Orgs.). *Escritura y sociedad*: nuevas perspectivas teóricas y etnográficas. Lima: Red para el Desarollo de las Ciencias Sociales en el Peru [1986], 2004. p. 23-56.

GIRARDELLO, G.; PEREIRA, R. S.; MUNARIM, I. Cultura participativa, mídia-educação e pontos de cultura: aproximações conceituais. *Atos de Pesquisa em Educação*, PPGE/ME FURB, v. 8, n. 1. p. 239-258, jan./abr. 2013.

GIROUX, H. A. *Theory and resistance in education*. South Hadley, Mass.: Bergin & Garvey Publishers, 1983.

GNERRE, M. *Linguagem, escrita e poder*. São Paulo: Martins Fontes, 1985.

GOODY, J. Language and writing. In: _____. *The interface between the written and the oral*. Cambridge: Cambridge University Press, 1987. p. 258-259.

GRAFF, H. *Os labirintos da alfabetização*: reflexões sobre o passado e o presente da alfabetização. Tradução de Tirza Mya Garcia. Porto Alegre: Artes Médicas, 1994.

_____. O mito do alfabetismo. Tradução de Tomaz Tadeu da Silva. *Teoria e Educação*, Porto Alegre, Pannônica, n. 2, p. 30-64, 1990.

GRAMSCI, A. *Selections from the prison notebooks*. Translated & Edited: Quintin Hoare and Geoffrey Nowell Smith. New York: International Publishers, 1971.

ILLICH, I. Um apelo à pesquisa em cultura escrita leiga. In: OLSON, D.; TORRANCE, N. (Orgs.). *Cultura escrita e oralidade*. Tradução de Valter Lellis Siqueira. São Paulo: Ática, 1995.

INSTITUTO PAULO MONTENEGRO. *Inaf Brasil 2009*: indicador de alfabetismo funcional: principais resultados. São Paulo, 2009.

_____. *Inaf Brasil 2011*: indicador de alfabetismo funcional: principais resultados. São Paulo, 2011.

KALMAN, J. El estudio de la comunidad como un espacio para leer y escribir. *Revista Brasileira de Educação*, n. 26, p. 5-28, ago. 2004.

KAZTMAN, R. Seducidos y abandonados: el aislamiento social de los pobres urbanos. *Cepal*, n. 75, dez. 2001. Disponível em: <http://www.eclac.org/publicaciones/xml/6/19326/katzman.pdf>.

KLEIMAN, A. B. Modelos de letramento e as práticas de alfabetização na escola. In: _____ (Org.). *Os significados do letramento*. Campinas: Mercado de Letras, 1995. p. 15-61.

LAHIRE, B. *Homem plural*: os determinantes da ação. Tradução de Jaime. A. Clasen. Petrópolis: Vozes, 2002.

_____. *A cultura dos indivíduos*. Tradução de Fátima Murad. Porto Alegre: Artmed, 2006.

LEVY, P. *A inteligência coletiva*. São Paulo: Loyola, 1998.

_____. *Cibercultura*. São Paulo: Editora 34, 1999.

LURIA, A. R. *Pensamento e linguagem*: as últimas conferências de Luria. Tradução de Diana Myriam Lichtenstein e Mario Corso. Porto Alegre: Artes Médicas, 1986.

MAIA, J. O. *Apropriação de letramentos digitais para participação social mais ampla*. Dissertação (Mestrado) — IEL-Unicamp, Campinas, 2013.

MANOVICH, L. *The language of the new media*. London/Cambridge (Massachusetts): The MIT Press, 2001.

MICHAELS, S.; COLLIS, J. Oral discourses styles: classroom interactions and the acquisition of Literacy. In: TANNEN, D. (Ed.). *Coherence in spoken and written discourses*. Norwood, New Jersey: Ablex Publishing Corporation, 1984.

OLIVEIRA, M. K. *Cultura e psicologia*: questões sobre o desenvolvimento do adulto. São Paulo: Hucitec, 2009.

_____; VÓVIO, C. L. Homogeneidade e heterogeneidade nas configurações do alfabetismo. In: _____. *Cultura e psicologia*: questões sobre o desenvolvimento do adulto. São Paulo: Hucitec, 2009 [2003]. p. 296-321.

OLSON, D. R.; TORRANCE, N. *Cultura escrita e oralidade*. Tradução de Valter Lellis Siqueira. São Paulo: Ática, 1995.

SANTANA, B.; ROSSINI, C.; PRETTO, N. D. L. Apresentação. In: _____; _____; _____ (Orgs.). *Recursos educacionais abertos*: práticas colaborativas políticas públicas. Salvador: UFBA; São Paulo: Casa da Cultura Digital, 2012.

SCRIBNER, S.; COLE, M. *The psychology of literacy*. Cambridge (USA): Harvard University Press, 1981.

SILVA, T. T. *Teorias do currículo*: uma introdução crítica. Porto: Porto Editora, 2000.

STREET, B. *Literacy in theory and practice*. Cambridge: Cambridge University Press, 1984.

_____. Nuevas alfabetizaciones, nuevos tiempos. *Revista Interamericana de Educación de Adultos*, Crefal, Patzcuáro, n. 2, jul./dic. 2008.

_____. Os novos estudos sobre o letramento: histórico e perspectivas. In: MARINHO, M.; CARVALHO, G. T. (Orgs.). *Cultura escrita e letramento*. Belo Horizonte: Editora UFMG, 2010. p. 33-53.

STROMQUIST, N. P. Convergência e divergência na conexão entre gênero e letramento: novos avanços. *Educação e Pesquisa*, São Paulo, v. 27, jul./dez., p. 301-319, 2001.

TFOUNNI, L. V. *Adultos não alfabetizados*: o avesso do avesso. Campinas: Pontes, 1988.

TULVISTE, P. *The cultural-historical development of verbal thinking*. New York: Nova Science, 1991.

VAN ZANTEN, A. Cultura da rua ou cultura da escola. *Educação e Pesquisa*, v. 26, n. 1, São Paulo, FEUSP, 2000.

VÓVIO, C. L. *Textos narrativos e orais produzidos por jovens e adultos em processo de escolarização*. Dissertação (Mestrado em Educação) — Universidade de São Paulo, São Paulo, 1999.

YOUNG, M. Superando a crise na teoria do currículo: uma abordagem baseada no conhecimento. Tradução de Leda Beck. *Cadernos* Cenpec, Nova Série, [s.l.], v. 3, n. 2, set. 2014.

ZAVALA, V.; NIÑO-MURCIA, M.; AMES, P. (Orgs.). *Escritura y sociedad*: nuevas perspectivas teóricas y etnográficas. Lima: Red para el Desarrollo de las Ciencias Sociales en el Peru, 2004.

O carro na frente dos bois e o GPS na frente do carro:
perspectivas da democracia em tempos de redes sociais

Paulo de Tarso Gomes

1. No futuro da rede: ubiquidade e transparência

Numa entrevista concedida em 10 de março de 2000 após a explosão da primeira bolha das empresas pontocom, cujo marco é a queda do índice Nasdaq, ao discutir as empresas na internet, Peter Drucker afirmou:

> Normalmente um *boom* especulativo precede em dez anos o crescimento dos verdadeiros negócios. [...] O primeiro *boom* especulativo da economia moderna foi com as ferrovias. O grande *boom* das ferrovias inglesas na década de 1830 levou ao colapso muitas das maiores empresas no início da década seguinte. Depois disso, a construção de ferrovias começou com seriedade. (Drucker, 2002, p. 22)

Estamos há mais de uma década dessa afirmação e ainda tomados por expectativas e debates sobre o que, enfim, seria o futuro da rede e de uma sociedade da comunicação em rede. Infelizmente, não temos condições de testar a afirmação de Drucker, pois, a partir de 2007, e principalmente a partir do segundo semestre de 2008, passamos a assistir a uma recessão global, que, ainda em 2012, provocou inúmeras incertezas.

Entre as poucas certezas, encontramos a de que o desenvolvimento das tecnologias de rede de comunicações se torna elemento pertinente tanto aos processos de aceleração da crise, como aos processos de protestos contra essa mesma crise. De qualquer modo, essa participação se deve a algumas características da rede, que passaremos a discutir.

A primeira delas é que o futuro da rede nos reservou uma *rede ubíqua*, isto é, uma rede que acessamos por meio de diferentes dispositivos, em diferentes ambientes e numa oferta tal que, em qualquer lugar e circunstância, estamos conectados ativa ou passivamente.

A característica da ubiquidade, como quase tudo em sociologia e economia, remete-nos a um Weber, desta vez não ao famoso Max, mas a seu irmão Alfred, que, ao discutir o problema da localização das fábricas, classificou os materiais como *ubíquos* para aqueles que, na prática, poderiam ser encontrados em qualquer lugar, ao passo que materiais *localizados* seriam os que se encontram apenas em certos espaços geográficos. Ou seja, o termo se refere a uma independência geográfica da oferta (Weber, 1929, p. 51).

A ubiquidade da rede e da computação não foi um acidente, mas um objetivo deliberadamente buscado por diversos motivos como, por exemplo, a necessidade de superar a barreira econômica no acesso à rede, que ameaçava criar uma nova forma de exclusão ao final dos anos 1990, e contra a qual dispositivos economicamente acessíveis e ergonomicamente portáteis deveriam ser desenvolvidos (Tinker e Vahey, 2002). A esse objetivo social alinharam-se também objetivos econômicos, como a necessidade de não perder de vista o consumidor na rede, nessa multiplicidade de dispositivos e acessos, mantendo sua identidade móvel independente de uma ação explícita do usuário (Roussos, Peterson e Patel, 2003).

Examinando mais de perto a proposta de uma conexão passiva, vemos que ela traz consigo outra propriedade para a rede ubíqua: a *transparência*. Também referida como *invisibilidade ao usuário*, transparência significa que não precisamos mais, intencionalmente, decidir acessar a rede. Pequenos serviços automatizados em dispositivos com tecnologia de rede embarcada já fazem isso por nós. Desse modo, é possível a um cardiologista acompanhar a distância o desempenho de um novo marca-passo em seu paciente, com relatórios periódicos, sem que o paciente precise se preocupar com isso, o que fez emergir o campo da telecardiologia e, em geral, da telemedicina (Scalvini et al., 2005). De modo análogo, a estrutura do prédio no qual trabalhamos poderá, sem nossa interferência, enviar relatórios sobre seu estado a um escritório de engenharia, solicitando uma reforma antes que o forro desabe (Lynch, 2007).

2. A rede transparente ao usuário invisível

Observadas sob outra perspectiva, a ubiquidade e a transparência potencializam a criação de novos problemas, com resultados bastante inesperados. Por exemplo, não é incomum um motorista se perder em uma cidade desconhecida — e perigosa — seguindo as sugestões de um GPS equivocado (*Globo*, 2009).

Esse tipo de contradição emerge do desafio, enfrentado pela engenharia de *software*, em fazer que os aplicativos sejam tão independentes que por fim se tornem *à prova* de usuário. No limite, porém, isso significa que o usuário nem sabe que está usando um aplicativo, o que pode implicar dilemas tecnoéticos. Por exemplo, a fim de facilitar a vida do consumidor, o *site* de busca de compras que ele regularmente consulta começa a, de forma *transparente ao usuário*, coletar informações sobre seus padrões de compra, armazenar essas informações e criar um consultor virtual, que, discretamente, *sugere* a melhor compra. Por meio de qual contrato entre usuário e *site* isso está sendo realizado?

Estamos diante da prática do *bubbling*, o novo verbo *bolhar*. Um aplicativo começa a colocar o usuário dentro de uma bolha — ou uma redoma — de modo que os resultados de suas buscas e suas leituras sejam todos muito parecidos, criando o efeito de que o filtro que o acolhe é o mesmo que o aprisiona (Pariser, 2011). Como era de se esperar, os programadores, mais uma vez, têm a resposta, propondo mecanismos de busca que não criam bolhas, respeitando o usuário (Buys, 2012).

No modelo anterior, baseado em contratos explícitos, pensávamos pela regra simples de que *a cavalo dado não se olham os dentes*, de modo que os *sites*, por oferecerem um serviço gratuito, sentiam-se muito à vontade para, gratuitamente, também gerenciar essas informações e utilizá-las, primeiro em benefício dos serviços e, em seguida, como propriedade sua. Esse princípio de gratuidade recíproca, porém, não se aplica mais, uma vez que o valor econômico não está mais apenas na moeda e, sim, na própria informação. Ela circulará até que, em algum momento, alguém necessite convertê-la em outra apresentação do valor econômico.

As tecnologias de comunicação em rede evidenciaram e aceleraram um processo de separação entre informação e meio que já ocorria no mundo virtual das moedas e dos papéis financeiros. Moedas e papéis não *são* o lucro, eles *representam* o lucro. Em algum momento, torna-se necessário realizar o lucro. A novidade é que vamos descobrindo que o lucro adia cada vez mais sua realização, enquanto circula revestido de informação.

Um aspecto importante desse processo é que o valor da informação em circulação, mercadologicamente, se assemelha mais ao valor da terra do que ao valor dos papéis. Enquanto ela circula, a informação parece ser valiosa, mas, no momento de convertê-la em poder econômico, em realizar o lucro, esse valor diminui, tal como uma extensão de terras, que, quando olhamos, parece bastante valiosa, mas, quando à venda no mercado, sofre, em geral, uma depreciação.

A recente decepção com o lançamento de ações do Facebook tem o potencial de se tornar um modelo desse comportamento. Por meses, esperou-se esse lançamento como um evento capaz de dar alento às bolsas de valores; no entanto, o mercado tratou dele não pela sua imagem, o valor imaginado, mas pelo seu valor presente, refletindo o momento econômico concreto e não a fantasia *hollywoodiana* em torno de seu fundador ou a festa da mídia em torno da marca (*The Economist*, 2012).

A contradição surge porque a extrema facilidade de vincular pessoa a um *site* ou aplicativo corresponde também a uma extrema facilidade em criar contratos transparentes ao usuário, por mais que, de vez em quando, se apresente aquela longa lista de cláusulas dizendo que o usuário "aceita os termos de contrato".

Temos, assim, uma disputa pelo termo *transparência*. Por um lado, os programadores gostariam que o usuário não existisse, pois assim os programas funcionariam tal como foram programados. Por outro, os usuários gostariam de ter os mesmos resultados sem ter que usar programas feitos por programadores, que sempre programam tudo do jeito mais estranho de se usar. Por fim, os proprietários de promissoras *startups* desejam que seus *sites* atinjam logo a casa dos milhões de usuários, para vendê-las e, finalmente, realizar o lucro, se possível sem contratos com usuários ou com programadores.

Descrita nesses termos extremos, a transparência surge como a tentativa de mediar relações de modo que conexões automatizadas eliminem a oportunidade de conflitos. Observe que, nessa direção, a informática não se confunde com a Ciência do Direito, que estuda formas de tomar decisões e resolver conflitos. Para o Direito, o conflito vai acontecer, cabe estudar como cada sociedade resolve os seus. A informática corresponde, porém, a uma espécie de utopia social construída apenas por matemáticos: se as pessoas não se relacionarem, não haverá conflitos. Para que elas se relacionem, elas precisam se enxergar, logo, numa sociedade completamente *transparente ao usuário* não existem conflitos. Ou seja, no extremo (ou, matematicamente, no supremo), o se quer é uma mediação de relações que elimine as próprias relações.

O resultado dessa utopia são soluções bastante estranhas. As estratégias de atendimento ao usuário por meio de *sites*, telefones e atendimentos programados resultam em longos percursos de relações que não têm por objetivo prover a informação, mas tentar fazer que o usuário seja dispensado — ou simplesmente desista — ao longo do algoritmo de atendimento, o mais cedo possível. O fracasso do algoritmo está no fato de que ele resolve o problema do atendimento, sem resolver o problema do usuário.

A ideia da automatização da resposta apoia-se em esperanças matemáticas, como, por exemplo, a forma simplificada da Lei de Pareto (1967, 1996), que propõe, para um problema com causas variadas, que 80% das ocorrências advêm de apenas 20% das causas. A estratégia de automatização consiste em criar algoritmos que cubram esses 20% de causas, mas o *domínio* do conhecimento tem que abranger também os outros 20% de ocorrências e o correspondente universo de 80% de causas menos frequentes. É uma realidade que o senso comum da medicina conhece bem: os 3% de chance de morrer, quando acontece com você, tornam-se 100%.

Não se trata de afirmar que a informática é, essencialmente, *contraditória*, mas que é *incompleta*, tanto do ponto de vista lógico — pela frequente impossibilidade de descrever algoritmicamente a solução completa de um problema — como pelo elevado custo de chegar a uma solução que dê conta de todas as causas, e não apenas da maioria delas, como recomenda o princípio de economia associado à Lei de Pareto. A consequência disso, para os usuários, é que *transparência* se torna sinônimo de *apagamento* das situações *concretas* que não puderam ser descritas, que não puderam ser solucionadas ou que foram economicamente ignoradas, quando do desenho das aplicações. "Na *visão* de nosso sistema, *seu* problema não existe. Obrigado." Esse tipo de *redução da realidade ao absurdo* não é exclusividade da informática e acontece em todos os sistemas ficcionais, como é o caso do mundo jurídico, no qual uma pessoa pode ser levada a ter que provar, com grande dificuldade, que está *viva*, após a expedição equivocada de seu atestado de óbito (*Terra*, 2011; *Diário do Nordeste*, 2012).

3. Produtores e consumidores de informação

Como vimos, outro aspecto da transparência como apagamento é a supressão da ideia de valor associada à informação *quando* essa informação provém do usuário. Hoje se crê — e isso é exatamente uma crença — que o usuário está ávido por informação, ávido por participar da rede, ávido por se comunicar, ávido por ser visto, ávido pelos seus quinze minutos de fama — a promessa de Andy Warhol (1968) — ou ao menos por obter fama para quinze pessoas — como parodiou o cantor Momus (1992).

Se isso foi verdade num primeiro momento, como é o caso das redes sociais, já assistimos a uma mudança de padrão de comportamento que faz desabar essa crença de maneira bastante cruel: se de algum modo muito explícito o usuário se sente lesado, ele vai embora. Isso significa que, embora transparente em sua invisibilidade, o contrato também tem uma parte ativa do usuário: como não há contrato explícito, não há conflito, não há negociação, o usuário vai embora sem queixas e mata a *startup*, pois inicia sua desagregação.

Essa dura lição foi aprendida por uma rede social com foco em imagens, o *Pinterest*. Seu contrato original com o usuário continha uma cláusula de permissão de venda, por parte do *Pinterest*, das imagens postadas pelos usuários. Em 23 de março de 2012, eles alteraram os termos, informando que nunca fora sua intenção vender imagens. O *site* enfrentou uma oscilação em seus acessos, como uma espécie de aviso coletivo de retirada dos usuários (Pinterest, 2012). No entanto, não teremos por muito tempo usuários críticos. Crianças e adolescentes estão pendurados nas redes sociais, conectados a seus amigos. Em alguns contextos, suas escolas e professores estão colocando atividades nas redes e, em breve, não haverá mais possibilidade crítica para o usuário, porque para ser crítico é preciso conhecer *alternativas*, e o ambiente das tecnologias de comunicação vai se apagando como novidade no cotidiano.

A luta de redes como Pinterest e Facebook é para sobreviver na ponta apenas mais alguns anos. Uma rede que consiga fazer o *tracking* de um usuário — colecionar sistematicamente dados característicos pela rede ao longo do tempo — por alguns anos terá sólidas chances de prever o resto de sua vida. Essa nova versão de 1984 de George Orwell só não aconteceu porque o interesse dos usuários por essas ferramentas ainda é mais volátil que a duração dessas companhias. A pedra filosofal contemporânea está em conseguir uma *fórmula* que fidelize esse usuário mais habituado a clicar e zapear do que a permanecer.

Situação bem diferente é a do Estado, que não necessita de uma alquimia mercadológica, pois já durou o suficiente para não poder ser dispensado. Ele estará em condições de realizar esse *tracking* desde antes do nascimento dos usuários: o acompanhamento pré-natal nos serviços de saúde, seguido depois pela vida escolar e diversas ocorrências civis e militares na vida do cidadão. Surge, assim, uma nova forma de violência: que o consumidor-cidadão produza, sim, a informação, mas que ele o faça *sem* o saber.

Movimentos contra o *tracking* já se articulam, como, por exemplo, um projeto de lei norte-americano que restringe essa prática em relação a crianças e adolescentes, como se já fosse inevitável o *tracking* de adultos (Markey e Barton, 2011). O *tracking* significa uma alternativa para as novas empresas tentarem conquistar uma nova vantagem: se a informação vai estar completamente distribuída, o poder não estará mais em ter a informação, mas em obtê-la *antes*. Ainda há um desequilíbrio a respeito do interesse sobre a informação, entre o ponto de vista dos empreendimentos econômicos e o uso que as pessoas fazem dela. O empreendimento precisa da informação como negócio e está fortemente preso ao tempo, pois precisa mostrar, amanhã, que terá bons lucros pelo menos nos próximos três meses. Por outro lado, as pessoas, mesmo se sabendo mortais, continuam achando que o fim da vida é algo que acontecerá com muitas *outras* pessoas neste ano.

4. Diversão, fama e revolução

A comunicação entre pessoas e grupos é tanto uma habilidade humana quanto uma prática necessária à sobrevivência; contudo, a comunicação tende a um desequilíbrio entre produtores e consumidores, os que falam e os que escutam.

O desenvolvimento de tecnologia que incrementa essa comunicação tem gerado o enfraquecimento dessas divisões precisas entre *produtores* e *consumidores*, entre *formadores* e *seguidores* de opinião. Essas definições se baseavam em intenção e poder sobre a comunicação, mas essas características sofreram sérias modificações.

Quando as pessoas geram a informação a partir de seu cotidiano, acabam por gerar apenas a que *lhes* interessa, em geral, sem a pretensão de conquistar o mercado da mídia. Ou seja, o próprio termo interesse necessitaria aqui de uma profunda discussão: quando faço algo espontaneamente, por lazer, diversão ou ócio produtivo, a que tipo de interesse estou me referindo?

Um dos primeiros produtos a provocar um alto índice de audiência — o que hoje chamaríamos de um *viral* — foi o *Numa-boy*, um rapaz chamado Gary Brolsma que cantava uma música de uma banda romena em frente a sua *webcam*. O vídeo surgiu no *site* Newgrounds e foi posteriormente copiado para o Youtube, nos idos de 2004, acumulando, até 2012, uma audiência total de mais de 60 milhões de exibições nesses dois *sites*, sem contar outras cópias, *covers* e *performances* (Brolsma, 2004).

É irresistível o raciocínio de que, se o *Numa-boy* tivesse ganhado um dólar por exibição, ele estaria bem rico. Por outro lado, pouquíssimas pessoas pagariam U$ 0,99 para vê-lo. No *site* Newgrounds, seu segundo vídeo não alcançou, até 2012, 700 mil exibições, contra 15 milhões da primeira apenas naquele *site*. Como a repetição de uma piada, a informação dada pelo *Numa-boy* já estava mais limitada. *Porém*, não se tratava de um negócio, mas de uma brincadeira. Como se toda a rede fosse um parque, alguém pôde dizer: "Olha só o que eu faço com essa música".

Fenômenos virais, como o precursor *Numa-boy*, expuseram de forma muito cruel o duro trabalho da mídia, resumido a outra verdade do senso comum jornalístico: a de que uma notícia importante hoje estará embrulhando um peixe amanhã. O intenso e efêmero interesse num viral é, numa escala acelerada, um exemplo da velocidade com que a informação passa pelas redes de agregação. A mídia impressa sempre lidou com esse desafio, procurando, mais que uma notícia, uma *história*, algo que pudesse se desenvolver por vários dias, cada dia com um fato mais cabuloso.

A estratégia desestruturada da rede, porém, fez do *Numa-boy* um *meme*. Embora a rede queira se apossar da invenção do *meme*, foi Richard Dawkins (2007) quem cunhou o termo em sua obra *O gene egoísta*. Um *meme* é uma unidade de replicação cultural que se reproduz associando-se a outros *memes*, e é replicado pela comunicação. Um *meme viral* é exatamente isso: um *meme* que se espalha como um vírus. Um *meme* pode ser qualquer coisa: um som, uma imagem, uma frase, um desenho, uma música. Num certo momento, se você não soubesse que *Luíza está no Canadá*, isso já diria muita coisa a respeito de sua nacionalidade e de suas práticas digitais (Landim, 2012).

O aspecto dramático dessa criação, para uma concepção de trabalho do século XX, é que, tal como os genes, os *memes* são bastante imprevisíveis com respeito a que outros *memes* eles vão se associar, que pessoas eles vão agregar, que grupos eles vão atingir e com que velocidade eles vão se espalhar. O *meme* fica a meio caminho entre um padrão e uma fórmula. O padrão tem sucesso caso se torne um viral, mas aprender a produzir um viral consiste em conhecer uma fórmula. Um jornal, um filme, uma novela, um programa de TV têm fórmulas que amadureceram ao longo do tempo: do teatro de rua ao circo, ao teatro fechado, ao rádio, ao cinema, à TV. No começo, o teatro de rua e mesmo o circo se valiam do amadorismo e da improvisação. Muita coisa deu errado até que as fórmulas fossem aprendidas.

Na praça, você joga a moedinha no chapéu do artista, se quiser. Boas fórmulas, ao contrário, têm patrocínio.

Hoje, a moeda é o *hit*, é o acréscimo no indicador de que mais uma alma sem ter nada mais que fazer foi lá e viu o vídeo. Seja na forma que for, como *likes*, como *diggs*, como *tags*, o artista já está pago se alguém apenas viu. Mas isso é muito pouco para uma informação que, ao final da cadeia, deve gerar um lucro à moda da velha economia. Ao mesmo tempo, não há um estímulo à aprendizagem de fórmulas, uma vez que, se o padrão se transformar em viral, tudo bem, e se isso não acontecer, tudo bem também. O erro não tem maior consequência econômica que o tempo perdido. Como, em geral, não há a intenção de um sucesso avassalador, mas tão somente de que aquelas quinze pessoas que são seus amigos vejam o produto, não há o que aprender.

A mídia que já existia percebeu essa mudança, mas parou um tanto estarrecida: é muita tecnologia para uma espécie de nada. O lucro, nesse processo, não está na informação, mas no *uso* do meio de informação. Algo como se o negócio da imprensa fosse vender papel. Ante esse novo cenário, a saída para a indústria da mídia foi fazer o movimento de agradar seus leitores, ouvintes e espectadores e mudar rapidamente de posição, passando a exaltar a ubiquidade da rede. Para que pagar fotógrafos e cinegrafistas, se você vai enviar seu vídeo feito no celular para nós? Mais que isso. A mídia começou a exaltar as redes sociais como as transformadoras de um mundo. Essa atitude, típica do século XXI, mas que não é nova e pode também ser detectada no século XX, deu a impressão de que, com meia dúzia de tuítes, alguém conseguiu ocupar uma praça no Egito e derrubar o governo, o que não parece ter sido o caso.

5. Use o *mouse* para derrubar a Bastilha

As redes sociais não são gratuitas. As pessoas e a sociedade pagam para que seja instalada a infraestrutura de rede a fim de que a informação possa viajar por aí, ser armazenada em alguma nuvem de um céu digital de servidores caros. Nada melhor para esse mercado do que nos fazer crer que retuitando uma mensagem estaremos mudando o mundo, bem próximos da nossa xícara de café quentinha e a poucos metros da geladeira. Infelizmente, não foram tuítes, mas tiros que mataram Kadafi e, mesmo com uma Tríplice Aliança entre Twitter, Facebook e Google, o governo de Bashar al-Assad, na Síria, resistiu por mais de um ano, matando pessoas à moda antiga (*The New York Yimes*, 2012).

Estamos diante de uma forma bem preguiçosa de ativismo — o *slacktivism* — também denominado ativismo de sofá, como o chama Tsavkko (2012), o que nos sugere o neologismo *sofativismo* e seu parente próximo, o *clicativismo*, ativismo feito a cliques no *mouse*, como capazes de representar essa forma de (des)movimentos sociais. A expressão corrente que tínhamos antes era simplesmente *anestesia moral*, ou seja, o mínimo que se faz para se eximir de culpa social.

Não se trata de fazer aqui uma crítica radical ao *sofativismo*, embora ela seja possível e necessária (Morozov, 2009; Morozov, 2011; Tsavkko, 2012), ou sua defesa como maneira de participação social (Castells, 2011a), mas de discutir uma *forma de se comportar diante da tecnologia*, tanto na perspectiva dos usuários — que pela agregação querem se sentir parte da história — como na perspectiva da mídia de massa — que também quer se mostrar alinhada às novas tecnologias. É preciso observar que nenhum desses dois comportamentos se importa em *provocar* o resultado esperado, mas espera colher os frutos caso esse resultado seja bom. Para o *sofativista*, temos o efeito da anestesia moral, agora em dimensões histórico-políticas: *eu participei da Primavera Árabe, eu cliquei em favor dos egípcios...* Para a mídia de massa: *eu agora interajo com o leitor, ele participa e faz a história por meio da mídia de massa; finalmente eu posso proporcionar a ele seus quinze minutos de fama e lucrar com isso.*

A crítica de Morozov (2011) vai na direção da verborragia discursiva de autorreconhecimento e autocomplacência com que as sociedades que se pretendem democráticas tratam essa participação da mídia ponto a ponto. Em meio à avalanche de argumentos por ele apresentados, temos a recuperação do efeito Ringelmann, obtido em um experimento que provou, num conjunto de quatro indivíduos, que a força de cada indivíduo ao puxar uma corda era maior do que a força de cada um medida quando os quatro atuavam juntos. A conclusão é que, num grupo, o desempenho médio é *menor* do que o potencial individual de cada um (Morozov, 2011, p. 191). Esse resultado, bem conhecido e explorado na psicologia social, aponta para um risco de diluição dos movimentos sociais reais em movimentos sociais virtuais — a compensação obtida pela participação virtual já é suficiente para o indivíduo, independentemente do resultado obtido. Em contrapartida, Castells (2011a, 2011b), mais esperançoso, defende o poder da autocomunicação — no que tem razão de fato, pois as mídias de massa deixaram de ser a única mídia — e a possibilidade de uma autodemocracia.

Uma posição mais intermediária foi dada por Shirky (2012), que propõe que o custo para formar grupos e estabelecer uma comunicação intergrupal consistente caiu bastante, embora o sucesso de um grupo dependa também de outras variáveis sociais, para além da facilidade de comunicação. Em complemento a essa visão, tem-se observado que um indicador de eficiência de ações coletivas em rede é justamente a proximidade geográfica (Hristova et al., 2012). Não por acaso, os *flash mobs*, mobilizações-relâmpago, passaram a integrar o repertório das manifestações políticas urbanas. Não por acaso, ocupar praças tornou-se uma forma de luta. No entanto, ocupar espaços de protesto já era a estratégia dos plebeus, ao se retirarem para o Monte Sagrado, na Roma Antiga (Coulanges, 1996, p. 192).

O *sofativismo*, em seu aspecto afirmativo, leva-nos a observar que a participação social vai atingindo as pontas mais adormecidas entre os que comem o suficiente ao longo do dia para poder pensar: o bombardeamento de informação dificulta a desculpa de que não houve tempo, de que não houve oportunidade para ficar sabendo, de que não houve chance para acompanhar. A anestesia moral contemporânea exige ao menos um *click*, de modo que no lugar da não ação passa a haver a ação mínima. Nesse caso, não se trata da participação social *reduzida* ao mínimo, mas da participação manifesta *ao menos* em seu mínimo, com todos os riscos de permanecer no mínimo. Contudo, a questão é se esse paradoxo da participação mínima para poder não participar será suficiente para mover a sociedade. E essa questão não pode ainda ser respondida: ela necessita do desenvolvimento histórico.

6. Indicativos do futuro do presente

Após termos inventado a história, inventamos também o presente (Melucci, 2001), e temos uma ansiedade muito grande em relação ao nosso presente, para que no futuro ele seja uma página significativa da história. A verdade é que, se individualmente ficamos satisfeitos com quinze minutos de fama ou quinze amigos, queremos ter uma história coletiva para contar, queremos uma fama coletiva.

Urbi et orbi era antes um privilégio das alocuções do papa, mas, agora, estamos também falando *urbi et orbi*. E queremos, narcisicamente, ter uma página na história, como muitos papas tiveram. Nossa utopia vai além do Facebook, queremos algo como o *Epicbook*, desde que não seja o *Epic Fail Book*. O paradoxo final é que esse parece ter sido o sentimento da humanidade em qualquer época, em qualquer tempo, em qualquer cultura: nenhum tempo é mais desafiante que o nosso, nenhuma crise é mais grave que a nossa, nenhum futuro é mais imprevisível que o nosso.

Certa banalização da informação, a ponto de Shirky (2012) propor como regra o *publique depois filtre*, tem o efeito salutar de expor a certo ridículo esse narcisismo pessoal e coletivo pelo qual somos tomados, causado pela profunda inveja de não termos participado do coquetel de inauguração das pirâmides, da entrada de César em Roma ou da visão da estrela de Belém.

Inúmeros desastres pessoais e sociais ainda vão acontecer, seja pelas bobagens que as pessoas querem apagar das redes sociais que foram postadas por elas mesmas, seja pelas informações confidenciais do Estado que nem deveriam estar circulando por alguma rede, mas estão. Pagaremos esse alto preço, usando até a exaustão a regra de publicar e então filtrar, até reaprendermos a pensar antes de escrever, a ponderar antes de falar, a valorizar menos a simples expressão, como se ela, sozinha, já fosse toda a liberdade e toda a democracia.

Será preciso pagar esse preço, porque o poder como domínio da produção de informação foi exercido por tanto tempo que o misto de celebração, narcisismo, ingenuidade e simples mediocridade precisa ter espaço para ser vivido e, principalmente, sofrido.

Contudo, a violência permanece. A fase entusiasmada dessa celebração vai findando e vamos retornando às nossas estratégias de sobrevivência com dedicação renovada: ainda é preciso proteger as crianças e os mais fracos; ainda é preciso cuidar da economia e distribuir riquezas; ainda é preciso ter trabalho; ainda é preciso descobrir, na história, o que é a democracia.

É muito prazeroso brincar de profecia, sobretudo quando, anos depois, elas se concretizam. Porém, é preciso *recolocar* o carro atrás dos bois e o GPS, calibrado e atualizado, nas mãos do condutor. O GPS é uma tecnologia que não constrói caminhos, apenas nos informa quais já foram construídos. Também não diz para onde ir, porém, em alguns casos, mostra como chegar lá.

A produção e reiteração da ideia de que não sabemos o que fazer com tanta tecnologia tem um fundamento falso de que deveríamos saber o que fazer com ela. Porém, saber aonde ir é uma condição do condutor, não da tecnologia.

A tensão que ainda vivemos entre os sentimentos da *Grande História*, da qual adoraríamos participar, do *Fim da História*, já que nada há de novo a acontecer, e da *História aos Pedaços*, de microfragmentos da memória de cada segmento humano, é agora uma tensão que vai se esvaziando e revelando as pretensões narcísicas pessoais e sociais em escrever páginas de história e sua inutilidade para a humanidade.

A democracia não é tecnologia, ela é uma disputa, uma conquista e, em alguns casos, uma guerra. Queiramos ou não, nos conflitos em torno desse poder coletivo está o que disputamos ser a história. Desse modo, embora ubíqua, a história não é transparente, nem invisível, nem anônima. Sujeitos disputam e se apossam de tecnologias para conduzir esse carro. O que vemos neste início de século não é a consequência de usos da tecnologia, mas a continuação desses conflitos de busca de poderes.

As alternativas de fazer uma aposta de que a tecnologia só trará mais alienação e desmobilização social, ou de fazer uma aposta de que a tecnologia incrementará o processo político permanecem apenas nesse nível: o de apostas.

A resposta está sendo dada pelas pessoas e grupos que estão tomando posse dessas tecnologias, pelo uso que estão fazendo, pela forma como participam. Há clamor por democracia desde grupos políticos até grupos que discutem receitas de bolo. A ideia da democracia se desloca de seu lugar no discurso ideológico de constituição do Estado para adentrar o cotidiano. Essa é a utopia da naturalização da democracia.

Não se trata de um movimento inexorável rumo ao futuro. Não se trata de um paradigma vitorioso. Trata-se de novas formas de fazer e de participar, que nos dão a liberdade da participação consequente e da participação inconsequente, sem a valoração moral sobre qual delas seria melhor.

A rede, assim, não pode diferir da vida, na qual escolhemos e agimos desse mesmo modo: alguns com consequência, outros com inconsequência, alguns com objetivos de longo prazo, outros olhando apenas este dia. Livres.

O que realmente ficou muito mais difícil foi deixar de participar. O último paradoxo é que a preguiça, mãe da tecnologia, segue em extinção.

Referências

BROLSMA, G. *Numa numa dance*, 2004. Disponível em: <http://www.newgrounds.com/portal/view/206373>. Acesso em: 18 maio 2012.

BUYS, B. *Ainda usando Google?*, 2012. Disponível em: <http://www.dicas-l.com.br/arquivo/ainda_usando_google.php#.T7fzk2Ytp2N>. Acesso em: 19 maio 2012.

CASTELLS, M. *Castells, sobre internet e rebelião*: "É só o começo", 1º mar. 2011a. Disponível em: <http://www.outraspalavras.net/2011/03/01/castells-sobre-internet-e-insurreicao-e-so-o-comeco/>. Acesso em: 7 jul. 2015.

_____. *Castells propõe outra democracia*. Transcrição e tradução de Daniela Frabasile, 18 jul. 2011b. Disponível em: <http://www.outraspalavras.net/2011/07/18/castells-propoe-outra-democracia/. Acesso em: 7 jul. 2015.

COULANGES, N. *A cidade antiga*: estudos sobre o culto, o direito, as instituições da Grécia e de Roma. Tradução de Jonas Leite e Eduardo Fonseca. São Paulo: Hemus, 1996.

DAWKINS, R. *O gene egoísta*. Tradução de Rejane Rubino. São Paulo: Companhia das Letras, 2007.

DIÁRIO DO NORDESTE. *Homem vivo é tido como "morto"*, 2012. Disponível em: <http://diariodonordeste.globo.com/materia.asp?codigo=1116429>. Acesso em: 21 maio 2012.

DRUCKER, P. *A administração na próxima sociedade*. Tradução de Nivaldo Montingelli Jr. São Paulo: Nobel, 2002.

GLOBO. *GPS pirata coloca em risco segurança de motoristas*, 2009. Disponível em: <http://g1.globo.com/bomdiabrasil/0,,MRP1383066-16020,00.html>. Acesso em: 18 maio 2012.

HRISTOVA, D. et al. Mapping community engagement with urban crowd-sourcing. *Proc. When the City Meets the Citizen Workshop* (WCMCW), Dublin, 2012.

LANDIM, W. *Luiza está no Canadá*: conheça o novo meme que está bombando na internet, 2012. Disponível em: <http://www.tecmundo.com.br/bizarro/18077-luiza-esta-no-canada-conheca-o-novo-meme-que-esta-bombando-na-internet.htm>. Acesso em: 18 maio 2012.

LYNCH, J. P. An overview of wireless structural health monitoring for civil structures. *Philosophical Transactions: Mathematical, Physical and Engineering Sciences*, n. 365, p. 345-372, 2007.

MARKEY, E.; BARTON, J. *Do Not Track Kids Act of 2011*, 2011. Disponível em: <http://markey.house.gov/press-release/may-13-2011-markey-barton--introduce-bipartisan>. Acesso em: 19 maio 2012.

MELUCCI, A. *A invenção do presente*: movimentos sociais nas sociedades complexas. Tradução de Maria do Carmo Bomfim. Petrópolis: Vozes, 2001.

MOMUS, N. C. Pop Stars? Nein DANKE! *Grimsby Fishmarket*, 1992. Disponível em: <http://imomus.com/index499.html>. Acesso em: 21 maio 2012.

MOROZOV, E. *Foreign policy*: brave new world of slacktivism, 2009. Disponível em: <http://www.npr.org/templates/story/story.php?storyId=104302141>. Acesso em: 21 maio 2012.

_____. *The net delusion*. New York: PublicAffairs, 2011.

PARETO, V. *Oeuvres complètes*. Ecrits sur la courbe de la répartition de la richesse. Genève: Librairie Droz, 1967. t. 3.

_____. *Manual de economia política*. Tradução de João Guilherme Vargas. São Paulo: Nova Cultural, 1996. Cap. VII, § 18-25.

PARISER, E. *The filter bubble*, 2011. Disponível em: <http://www.ted.com/talks/view/lang/en//id/1091>. Acesso em: 19 maio 2012.

PINTEREST *Updated Pinterest Terms*, 2012. Disponível em: <http://blog.pinterest.com/post/19799177970/pinterest-updated-terms>. Acesso em: 18 maio 2012.

ROUSSOS, G.; PETERSON, D.; PATEL, U. Mobile identity management: an enacted view. *International Journal of Electronic Commerce*, n. 8, p. 81-100, 2003.

ROVIRA, J. *Castells, sobre internet e rebelião*: "É só o começo", 2011a. Tradução de Cauê S. Ameni. Disponível em: <http://www.outraspalavras.net/2011/03/01/castells-sobre-internet-e-insurreicao-e-so-o-comeco/>. Acesso em: 21 maio 2012.

SCALVINI, S. et al. Effect of home-based telecardiology on chronic heart failure: costs and outcomes. *J. Telemed Telecare*, suppl. 1, n. 11, p. 16-18, 2005.

SHIRKY, C. *Lá vem todo mundo*: o poder de organizar sem organizações. Tradução de Maria Luiza X. de A. Borges. Rio de Janeiro: Zahar, 2012.

TERRA-SP. *Mulher tem que provar que está viva por erro em documento*, 2011. Disponível em: <http://noticias.terra.com.br/brasil/noticias/0,,OI-4905549-EI306,00-SP+mulher+tem+que+provar+que+esta+viva+por+erro+em+documento.html>. Acesso em: 18 maio 2012.

THE ECONOMIST. *Not top of the pops*, 2012. Disponível em: <http://www.economist.com/blogs/schumpeter/2012/05/facebook-goes-public>. Acesso em: 19 maio 2012.

THE NEW YORK TIMES. *Syria*, 2012. Disponível em: <http://topics.nytimes.com/top/news/international/countriesandterritories/syria/index.html>. Acesso em: 21 maio 2012.

TINKER, R.; VAHEY, P. CILT 2000: ubiquitous computing: spanning the digital divide. *Journal of Science Education and Technology*, n. 11, p. 301-304, 2002.

TSAVKKO, R. *Kony 2012*: o nocivo e inconsequente ativismo de sofá, 2012. Disponível em: <http://www.revistabula.com/posts/colunistas/kony-2012-o-nocivo-e-inconsequente-ativismo-de-sofa>. Acesso em: 21 maio 2012.

WARHOL, A. et al. (Eds.). Andy Warhol. [Estocolmo: Moderna Museet, 1968.] In: BEYELER, E.; BECKMANN, M. *Face to face to cyberspace*. Ostfildern: Hatje Cantz Verlag, 1999. p. 100.

WEBER, A.; FRIEDRICH, C. J. (Eds.). *Alfred Weber's theory of the location of industries*. Chicago: The University of Chicago Press, 1929.

Seção 2

Percursos individuais no processo de apropriações das TDICs

Participação e apropriação de bens culturais: reflexões de uma liderança local

Denise Bértoli Braga

1. Contextualizando a entrevista

A cidade de Campinas possui um conjunto de iniciativas locais que eventualmente estabelecem parceria com os pesquisadores da Unicamp, seja para fornecer bolsas de pesquisa para alunos envolvidos em atividades de cunho social, seja para desenvolver projetos de pesquisa concebidos pela universidade ou iniciativas conjuntas de ação social que envolvam membros dos movimentos comunitários e da universidade. O contato inicial da pesquisadora com uma dessas iniciativas, em 2005, levou-a a interessar-se pela questão do *software* livre, já que todas as atividades digitais realizadas nesse centro cultural adotavam e defendiam programas livres. A escolha do Centro Cultural em questão foi motivada por duas razões. Eles tinham se tornado — ao longo de um trabalho de mais de uma década — um Centro de referência em nível nacional e internacional;

além disso, sua atuação destacava-se em duas grandes frentes: preservação da tradição cultural afro, que marca a descendência da maior parte dos membros da comunidade local, e ações no sentido de ampliar o acesso comunitário às TICs. Esta última iniciativa tinha sido tão bem-sucedida que vários dos jovens acolhidos no Centro já se destacavam pela qualidade de seu conhecimento técnico e participação ativa nas comunidades técnicas virtuais — alguns deles chegaram a ser chamados para participar na implantação de tecnologia realizada por projetos oficiais em áreas remotas da região Norte brasileira (um ponto que gerava certos conflitos entre as lideranças da Casa de Cultura na época em que a experiência pedagógica foi realizada).

Em relação à disciplina, esperava-se estabelecer uma relação dialética entre teoria e prática, ou seja, esperava-se que no final do semestre os alunos construíssem *sites* norteados pelas leituras realizadas e de acordo com duas direções: uma voltada para a integração de perspectivas de áreas distintas (cursos de Letras e Midialogia) e a outra voltada para questões de diferenças sociais. Esta última previa a criação de dois *sites* voltados para divulgação de atividades desenvolvidas na comunidade contatada. Para esta última atividade, ficou estabelecido que o contato entre os membros da comunidade e da universidade ocorreria de duas formas: visitas dos alunos ao Centro Cultural e a um cursinho pré-vestibular que também era conduzido como uma iniciativa local no mesmo bairro; e visita das lideranças comunitárias à sala de aula na Unicamp. Esses encontros foram explorados para discutir questões relativas às atividades práticas propostas.

A experiência aqui relatada ocorreu em 2005 e prolongou-se pelo período de um semestre letivo. Essa experiência despertou na professora/pesquisadora um interesse particular em entender as questões relativas ao movimento do *software* livre. Essa curiosidade foi gerada pelo fato de ter sido esse um dos problemas mais sérios enfrentados pelos estudantes universitários nessa interação. Mais especificamente, os alunos da Unicamp (cursos de Letras e de Midialogia) estavam familiarizados com os recursos oferecidos pelos *softwares* comerciais a que tinham acesso, e tiveram muita dificuldade em fazer a migração desse conhecimento para os *softwares* livres adotados no Centro Cultural. Essa mudança de orientação, na realidade, colocou os membros da comunidade na posição de liderança na discussão de questões técnicas, e esse desequilíbrio em relação ao conhecimento de prestígio foi importante para motivar um conjunto de reflexões críticas de cunho social.

A entrevista analisada no presente estudo foi gravada em áudio seis meses após ter sido concluída a disciplina. A gravação foi realizada no Centro Cultural pela pesquisadora, e o líder comunitário escolhido concordou em participar após ser informado de que os dados obtidos constituiriam matéria de reflexão sobre o debate existente entre as três grandes tendências de geração de conhecimento técnico: *software* proprietário, *open source* e *software* livre. Foi também explicitado que esses dados iriam ser comparados com os dados obtidos por dois estudantes universitários da área técnica, um deles militante do movimento do *software* livre e o outro grande defensor das diretrizes propostas pelo movimento em defesa do código aberto. Foi também esclarecido que o estudo em curso estava vinculado a duas preocupações da pesquisadora: entender formas novas de explorar as novas tecnologias em práticas educativas, e formas alternativas de ampliar o acesso e a participação social das comunidades periféricas a partir da exploração dos recursos oferecidos pelas TICs.

Para fins da presente discussão, a entrevista do líder comunitário é analisada isoladamente, de modo a permitir um maior destaque a três pontos bastante evidenciados durante essa entrevista: acesso às inovações tecnológicas por meio de contatos iniciais de natureza mais coletiva, apropriação crítica das TICs e novos espaços para a participação social dos grupos economicamente desfavorecidos. Quando necessário, esses dados são complementados com outros de um segundo entrevistado que participou espontaneamente dos primeiros 20 minutos da entrevista realizada.

2. Tecnologia e participação social: o que podemos aprender com as experiências e avaliações de uma liderança local

2.1 Apropriação dos letramentos digitais

Resgatando o percurso pessoal de apropriação da tecnologia digital narrado pelo entrevistado, é possível identificar a migração de saberes adquiridos dentro de práticas letradas específicas para novos contextos de uso e a adaptações desses saberes a esses novos usos. O relato mostra também que o contato com letramentos digitais dos grupos periféricos pode ser realizado através de um conjunto de experiências e experimentações distintas, muitas delas propiciadas por trocas dentro da própria comunidade. Relembrando seu primeiro contato com as TICs, o primeiro entrevistado (E) relata:

> E: [idade do contato] uns 7, 8 anos. Aí uma pessoa tinha um *videogame*, que era um *videogame* que foi lançado da Philips, eu acho. Chamava Odyssey. E esse *videogame* ele tinha um teclado embutido no console dele, que era um teclado daqueles bem tosquinhos mesmo e que permitia que você fizesse seus jogos ali. Então esse foi o meu primeiro contato com o computador, antes mesmo de ter a ideia da noção de computador e tal.

Seu depoimento indica que uma apropriação da tecnologia pode ser feita pelas crianças de uma forma bastante sofisticada através da experimentação em atividades lúdicas. Nessas atividades, o domínio técnico é adquirido com base na inferência construída a partir de um conjunto de pistas, que podem tanto ser as respostas dadas pelo sistema, quanto informações parciais oferecidas pelos manuais. No exemplo do entrevistado (E), o manual era escrito em língua estrangeira, que as crianças não dominavam, mas o fato de ter sido mencionado durante a entrevista pode levar a supor que tenha oferecido informações visuais (desenhos, por exemplo) que foram também exploradas pelas crianças para construir conhecimento sobre o funcionamento do jogo em questão.

> E: Como eu aprendi de pequenininho? [...] Foi usando. A gente via... jogava muito *videogame* e esse computador ele vinha com um manual que na verdade era um manual em alemão que ensinava você a criar alguns jogos e tal. E a gente não entendia alemão, mas a gente entendia a base de comandos que eu acho que programava em Lotus Notes, sei lá, programava numa linguagem lá, específica pra esse console, pra esse Odyssey, e a gente aprendeu por ali. A gente sabia que entrando... aprendeu o que eram as entradas, o que eram os "zoos e sis". E todo esse tipo de coisa a gente aprendeu ali fazendo mesmo. Eu aprendi a programar nesses consoles, na mesma época em que eu aprendi a ler mais ou menos. Então foi uma coisa que veio junto.

Esse conhecimento adquirido de forma lúdica e exploratória serviu posteriormente de base para o desenvolvimento de práticas altamente especializadas na área técnica, como construção de programas, um dado que indica a importância de os indivíduos serem expostos e terem acesso a tecnologias em diferentes atividades de seu cotidiano.

> E: Quando eu comecei a programar foi com uns 8 assim. Mas eu parei muito tempo de programar, mas essa abertura que eu tive pra poder utilizar esse primeiro console que me valeu depois... a facilidade que eu tenho hoje de manusear qualquer tipo de *software* e sistema operacional veio daí. A gente entendeu muito da base da coisa assim.

Oportunidades de acesso — como eram de se esperar — também foram fundamentais para que o domínio da tecnologia ocorresse. Mesmo quando tais contatos não atingem as metas originalmente propostas, eles permitem que os indivíduos se apropriem de conhecimentos que podem ser úteis em usos futuros autônomos, como ocorreu com essa liderança entrevistada nas suas vivências posteriores realizadas na Casa de Cultura.

E: [...] a primeira vez que eu tive contato com o computador, inclusive, foi por intermédio da universidade, com o Personal Computer, foi por intermédio da Unicamp com um projeto que se chamava "Rede dos Pesquisadores Marxistas" em que eu pude editar uma revista pra rede.

Os depoimentos do entrevistado (R) — também membro da comunidade e que esteve presente nos primeiros 20 minutos da entrevista — mostram que, mesmo sem um contato direto com as TICs, todas as camadas da população já estavam de forma direta ou indireta expostas à tecnologia digital; mesmo antes da popularização de seu uso ou da expansão da telefonia celular, que hoje está mais acessível às camadas de baixa renda da população.

R: A primeira vez que eu vi um computador, é até engraçado, foi num desenho animado da família Jackson. E depois a outra vez foi no programa do Balão Mágico que eles tinham lá aquela formatação deles dentro lá do disco voador com o Raul Seixas Pluct-Plact-Zum. Mas fisicamente, o computador real, não o computador de desenho, eu vi quando eu tinha em torno de uns doze anos. Tinha um amigo meu que era guardinha e trabalhava na prefeitura e usava aqueles computadores super enormes com aquele disquetão enorme assim.

A experiência de circulação em esferas sociais fora do âmbito comunitário permitiu a (R) não só a observação de algumas práticas letradas digitais, mas também um aprendizado que ocorreu de modo informal, pela experimentação e pela imitação. O uso de recursos oferecidos pelo meio em práticas digitais específicas permite inferir e abduzir de forma não analisada a lógica que organiza os programas. Demandas de práticas cotidianas — produzir cartazes, escrever textos, usar planilhas — acabam expandindo o escopo dos letramentos iniciais, como ilustra o depoimento que segue.

R: Mas pegar, mexer (no computador) mesmo foi quando eu já 'tava com uns dezesseis, dezessete anos que eu vi um amigo meu... eu fazia assessoria política no DCE da PUC [...] ele 'tava lá num computador e ficava lá num tal de bate-papo e eu olhava assim e achava interessante... Daí tinha um menino que ficava zipando tudo e eu falei assim: "Como que funciona isso?" Daí ele falou assim: "Assim". Daí ele me colocou lá na frente do computador, daí eu comecei a mexer, daí comecei entender a Internet e algumas coisas assim, mas não me aprofundar em teorias. Tudo que eu observava eu aprendia, copiava assim [...] Daí depois fui vendo, participando, usando ele pro dia a dia, pra questão funcional, pra fazer cartazes, de um jeito meio tosco, então pra fazer texto, fazer planilha. Depois também eu 'tava trabalhando como tesoureiro e tinha que usar o Excel. Daí depois fui aprendendo e cheguei aqui na Casa de Cultura [...].

Esses relatos retomam uma realidade do início dos anos 1990, quando a tecnologia ainda não estava acessível nas *lan houses*, nos centros comunitários, acoplada a telefones celulares ou mesmo aos computadores pessoais, hoje mais acessíveis para comunidades periféricas. Os resultados obtidos a partir de um acesso bastante limitado e restrito permitem-nos conjecturar que as experiências atuais, sendo mais diversas e complexas, tornam possível uma apropriação da tecnologia de forma bem mais dinâmica do que costumávamos acreditar.

As entrevistas também apontam formas criativas através das quais esses jovens buscam socializar o conhecimento sobre a tecnologia ou refletir sobre o potencial dos ambientes que ela oferece. Notam-se tentativas de usar as linguagens das novas mídias na busca de ensinar o uso dessas mídias. Esse é o caso de (R), que tem uma predileção marcada por desenho, e que contempla a possibilidade de usar esse recurso expressivo para ensinar o uso do computador:

R: [...] Então tinha colocado uma proposta que eu tenho dificuldade de entender como eles (jovens que frequentam o Centro Cultural) entendem a vivência diferenciada, o contato com o computador. Tinha pensado na possibilidade de fazer essa molecada entender o computador através do desenho animado ou em história em quadrinho, mas tem uma produção, daí precisa juntar o pessoal aí pra fazer um gibizinho. Eu acho fascinante o computador.

O depoimento de (E), que segue, ilustra o fato de que a fronteira entre o virtual e o real é bastante imprecisa, quando se trata de comunidades virtuais.

> E: Tem um menino aí que 'tava falando uma coisa que eu achei legal, tipo assim... Quando você trabalha, por exemplo, com um... com o Orkut, você veste uma representação. Na verdade a gente é vestido disso mesmo. Eu sou eu, mas eu sou o (X) lá em casa pra minha mãe, pro meu pai, que depois as pessoas foram abrigando lá as minhas personificações dentro disso. E é um caso do Orkut lá, você vestiu uma personificação e quando você trabalha dentro de uma comunidade de *software* livre, apesar também de você poder se vestir disso, eu sou o (X da Casa de Cultura), por exemplo, que é minha outra personalidade dentro de um universo aí livre e tal. Mas ali, realmente, eu 'tô muito mais como eu, do que eu não 'tô. Eu 'tô me relacionando virtualmente, mas eu tenho na minha comunidade uma responsabilidade que é concreta, de discutir, debater e de construir coisas. Ele (*software* livre) proporciona muito mais uma construção dentro do seu ciclo de relações reais ou virtuais, não sei, mas concretas, ele proporciona muito mais isso.

2.2 Internet e participação nos processos de produção e consumo de bens culturais: o que temos a aprender com a voz da liderança local

Embora a discussão sobre o acesso à tecnologia tenha sido em grande parte vinculada a noções de "inclusão social" — na maioria das vezes entendida como "ampliação do acesso ao mercado de trabalho" —, fica claro, nas colocações do entrevistado, que não é essa a percepção nem são essas as metas estabelecidas por certas lideranças locais. Os trechos da entrevista que seguem ilustram bem a percepção desse jovem líder; a percepção de que o espaço de participação reservado para seu grupo social é o de uma inclusão na periferia técnica do processo de expansão da tecnologia de comunicação. Nas emissões de número 6 e 7, o entrevistado discute sua formação escolar.

Relata que fez toda a sua formação até o segundo grau (atual ensino médio) na mesma escola pública, localizada na periferia de Campinas. Após a conclusão do segundo grau, a falta de perspectiva de trabalho levou-o a tentar um curso técnico de mecânico industrial no Senai. Segundo seu depoimento, foi no Senai que começou a refletir sobre a indústria do *software* e sobre o movimento sindical:

> E: ... [completei] o segundo grau numa escola [...] lá da periferia do São Fernando. E quando eu saí de lá eu fiquei meio perdidão e fui fazer Senai. [...] fiz um curso de mecânico, mecânico industrial. Lá na mecânica industrial eu tive contato com um processo de automação, entendi... lá eu comecei a entender um pouco do que era indústria de *software* pra produção em massa e esse tipo de coisa, dentro do Senai. E lá também que eu conheci a possibilidade do sindicato e da luta social... foi dentro do Senai.

Após a conclusão desse curso técnico, ainda no início dos anos 1990, a situação de desemprego que já atingia o país levou-o a procurar uma formação em outra área técnica:

> E: [...] Quando eu saí do Senai, eu saí mais perdido ainda, assim, de perspectivas de futuro [...] já era uma época de total desestabilização do trabalho formal. O próprio sindicato, os contatos que a gente tinha já mostravam isso, já mostravam o desemprego, e a dificuldade que a gente teria tendo aquela formação de operador de máquina. E aí eu fui fazer um outro curso no Senai pra saber: "Meu!!! qual que é agora o emprego do futuro? Eu preciso trabalhar porque senão eu vou morrer". Aí eu fui fazer um curso de tecnologia de comunicação [...] e de processamento de dados industrial também, de lógica de processadores, na verdade.

É interessante ressaltar que nesse processo de formação para o trabalho ele se dá conta de como o discurso da "inclusão" e da "oportunidade de trabalho" na realidade mascarava a exclusão de uma participação mais significativa no processo de mudança social que estava ocorrendo:

E: E de novo eu acabei entrando num ciclo que me fez entender qual era o grande negócio aqui da América Latina de comunicação, porque na verdade a gente 'tava sendo formado pra ser os técnicos que fizeram toda essa articulação de rede interna, cabeamentos de fibra ótica, cabo de dados. [...] Mas é isso, era cavar buraco e executar megaprojetos de comunicação assim. Então a gente 'tava sendo formado pra isso. Tanto que falavam: "Não, porque agora vocês têm um mercado de trabalho. É um megamercado de trabalho das telecomunicações".

Tal constatação gera uma posição de resistência ao lugar social pré-estabelecido e a busca de outras alternativas profissionais:

E: Esse curso eu não terminei, porque eu já não tive mais desejo assim, me sentia meio enojado mesmo pela coisa. [...] Essa falta de visão da tecnologia de comunicação como uma ferramenta de mudança social, que as comunidades pudessem se apropriar daquilo de uma forma ou não... não consumista, não consumidoras de uma tecnologia pra poderem fazer um papel de usuários dos serviços dos megacorps e tal. Eu acabei saindo e me afastei até dessa área da tecnologia por achar que ela era muito... uma área que eu não ia conseguir me livrar dessa interferência dos megaoligopólios de comunicação. Ou eu ia trabalhar pra eles ou então eu não ia fazer nada. [...] Isso foi um dos motivos que me levou a abandonar geral a tecnologia, abandonei bastante tempo e fui trabalhar com música. Minha formação básica é essa. E depois a formação que eu considero mais importante é a formação aqui na Casa de Cultura [...].

O percurso realizado por essa liderança local indica um olhar bastante crítico dirigido ao processo social mais amplo envolvendo tecnologia, nem sempre evidente ou explicitado por aqueles que discutem o acesso a essa tecnologia e os benefícios previstos para os assim chamados "excluídos digitais". Sua fala também aponta para possibilidades mais progressistas de reflexão e apropriação dos avanços técnicos trazidos pelas TICs; avanços esses que subvertem as diretrizes previstas pelos grandes centros geradores de tecnologia:

E: A Internet ela já é um meio livre. As primeiras discussões que a gente teve quando a gente começou a trabalhar com educação na rede foi assim: "O que é a rede? O que é, primeiro, a internet? Histórico da internet". Essa busca da gente de entender a Internet e depois de compreender o que era a web, a gente começou a fazer esse paralelo da rede institucional que a Internet é, a rede dos grandes negócios e dos grandes portais, dos grandes comandantes da comunicação, que é a Internet. E a web que seria a rede mesmo, que seria essa rede subversiva, de relações sociais que se constroem não só com esse intuito de dominação econômica.

E: ... [uma ferramenta pode ser] subversiva no sentido de não se render totalmente à grande chamada da tecnologia, que é o domínio ideológico, domínio estrutural e domínio econômico das macrorregiões. Eles pensam isso no sentido de macrorregiões das Américas, da África. E agora tem um plano todo pra África de fibra ótica, um troço maluco assim. Então, de você não se vender a isso, num primeiro sentido, e de criar um diálogo entre comunidades que esteja voltado ao desenvolvimento, um desenvolvimento que seja sustentável dessas comunidades. Porque a gente sente que é insustentável você aderir, por exemplo, ao plano da Microsoft de inclusão digital. É impossível.

Esses questionamentos sobre compromisso social de certas iniciativas privadas ficam bastante evidentes quando, em um trecho da entrevista, o líder comunitário fala de uma experiência concreta na qual uma grande empresa compartilha com a sua comunidade a sucata técnica já descartada pelas camadas mais favorecidas da sociedade. Esse depoimento também é interessante para ilustrar que os grupos economicamente desfavorecidos não são pacíficos ante a distribuição desigual de bens culturais. Em movimentos de *tática*, no sentido proposto por De Certeau (1994), o depoimento ilustra como eles aproveitam a ocasião, operam golpe a golpe aproveitando as falhas de vigilância dos grupos que detêm o poder, num movimento de reapropriação do lugar do poder e do querer considerados legítimos e "próprios", a favor do fraco, como caminhos ou modalidades de inclusão. Como observa Buzato, a tática é arte do fraco que se realiza no espaço do forte, "a ação calculada que é determinada pela ausência de um próprio" (Buzato, 2007, p. 51).

> E: [...] a gente tinha problemas com proteção, com licença. A casa na história toda dela de uso de *software* proprietário, uns seis anos de *software* proprietário, a gente nunca pagou uma licença de *software*. Teve um momento em que a gente recebeu um apoio da Macromídia, que a Macromídia doou algumas licenças de *software* pra gente, mas eram muito ruins **e a gente continuou usando os piratas, que era mais legal, os piratas tinham mais aplicativos e tal**. E a gente ganhou duas caixas lá de *software* da Macromídia, mas a gente continuou pirateando eles.

É interessante que o termo "pirataria", nesse caso, refere-se não ao ato de se apropriar de um bem usado por outro, mas sim de participar das possibilidades de uso desses bens. Os membros da comunidade ganharam caixas de programas, mas tinham interesse em usar os aplicativos das versões mais recentes, comercializados para as camadas mais abastadas da população. O movimento do *software* livre provoca uma alteração no processo de apropriação.

> E: ... [com o] *software* proprietário você pode se comunicar com pessoas que vivem num mesmo circuito de consumo que você. Ou elas consomem aquilo ou de uma certa forma elas roubam aquilo, porque se você utilizar um *software* sem licença você 'tá roubando, legalmente você 'tá roubando aquilo. [o *software* livre] permite que você viva um ciclo de experiências muito diferentes que visam a outro tipo de integração.

Nota-se, nos relatos feitos durante a entrevista, uma passagem radical do papel de consumidores de um conhecimento produzido pelos grupos hegemônicos para produtores desse conhecimento. Esse movimento de mudança, no entanto, parece estar diretamente atrelado à possibilidade de trocas mais amplas que extrapolam as discussões mais fechadas dos grupos comunitários. Nesse sentido, a Internet trouxe mesmo um espaço diferenciado de participação.

> E: [...] A gente começou a entender o princípio de *software* livre, pelo menos eu comecei a entender através da construção de redes, dessas redes virtuais, vamos dizer assim, dessas redes através da Internet.

Então a partir daí eu comecei a entender o que era a possibilidade de você utilizar essa tecnologia construída coletivamente, de colaborar com a construção de tecnologias pra poder proporcionar uma transformação numa forma de ver a própria questão da tecnologia e as relações comunitárias. Então a gente começou a trabalhar e isso porque também a gente não tinha (antes desse momento) acesso a essa discussão proprietário, livre porque a gente não tinha acesso à internet. Isso é muito importante de salientar porque a gente passou muito tempo trabalhando aqui sem ter acesso à web.

É interessante ver como o discurso sobre liberdade de acesso ao conhecimento que foi ideologia propulsora do movimento do *software* livre foi incorporado às reflexões comunitárias sobre a produção de bens culturais. Os trechos que seguem ilustram bem esse discurso, que fica mais evidente na maneira como o entrevistado responde ao pedido de esclarecimento da pesquisadora no trecho (E18), a seguir. Sua fala deixa evidente que a questão central da discussão não é "compartilhar" um conhecimento criado de uma forma mais democrática, mas sim salientar que todo o conhecimento é gerado com base em conhecimentos e experiências culturais prévias e, portanto, o acesso a esse conhecimento é **direito** de todos.

E: As pessoas sempre colocam isso assim: "Você tem que ter o acesso ao computador pra você poder ter um emprego, pra você poder subir na vida". Esse lance de subir na vida, que é muito louco e tal. O *software* livre ele quebra isso, ele permite que você discuta o seguinte: "O que é o conhecimento? O que é o conhecimento que constrói tudo, vamos dizer assim, que constrói as coisas materiais, físicas e tal, e que constrói essa ferramenta que você utiliza pra mandar *e-mail*, por exemplo. Isso é um conhecimento matemático? E a quem pertence esse conhecimento matemático? Quem é o dono do Teorema de Pitágoras? O Pitágoras? Tem que pagar alguma coisa? Quem são os remanescentes do Pitágoras? O *software* livre, ele permite discutir isso, cara, que o conhecimento, na verdade todo conhecimento que foi abduzido pela academia [...] na verdade ele é um conhecimento das comunidades, que ele é ancestral e ele é uma forma de compreender a natureza, a natureza humana e a natureza dessa relação do ser humano com a natureza. [...] O *software* livre permite isso, permite entender que todas as ferramentas, inclusive aquelas que são utilizadas para domínio das culturas e as linguagens, são construídas a partir de conhecimentos tradicionais.

Pesquisadora: [...] quando você fala em *software* livre, pra você, "livre" tem a ver com essa questão do conhecimento que deveria ser de todo mundo? É isso?

E: Não. Do conhecimento que **é** de todo mundo. É difícil... às vezes as pessoas não conseguem acreditar que uma coisa que vem muito delas mesmas pode ser responsável pela construção de um equipamento X ou de um equipamento Y e por isso a gente fez, por exemplo, uma experiência com o Corel Draw. Como que eles entendem a construção daquelas ferramentas que depois de construídas você não pode mais alterar nem compartilhar, nem nada. Mas como que foi compreendido, por exemplo, o uso de um pincel? O pincel é uma coisa humana de você catar um troço e melecar num bagulho e esfregar num outro bagulho, entendeu? E daí essa é uma tecnologia da mais livre possível, qualquer criança de seis meses cata um troço, meleca num troço e esfrega na parede, entendeu? E dizer pras pessoas: "Olha essa tecnologia pertence a todos nós, então por que nós não podemos usar ela da melhor forma possível e compartilhar ela com o maior número de pessoas possível?" Então essa questão do *software* (livre), pra mim [...]. Ele é uma forma de você trabalhar o resgate desse conhecimento ancestral.

Essas reflexões a respeito do direito coletivo sobre os bens culturais produzidos na sociedade foram de forma direta ou indireta instigadas pela própria tecnologia que, em última instância, foi criada para atingir objetivos sociais muito distintos, relacionados a novas formas de concentração de renda e formas de realizar negócios.

E: [*software* livre] Ele permite que você crie outros ambientes de relação, vamos dizer assim, que não tão vinculados a essas organizações econômicas, não têm essa visão de ascensão social individualista. Então essa coisa de ele ser construído colaborativamente, através de comunidades... É uma coisa muito interessante isso como a gente trabalha ali estudando com os meninos, tipo, o que é construir um *software* livre hoje? Como que você se inscreve dentro de uma comunidade? Quais são as intenções dessa comunidade?

E: A gente começou a entender o princípio de *software* livre, pelo menos eu comecei a entender através da construção de redes, dessas redes virtuais, vamos dizer assim, dessas redes através da Internet. Então, a partir daí eu comecei a entender o que era a possibilidade de você utilizar essa tecnologia construída coletivamente, de colaborar com a construção de tecnologias pra poder proporcionar uma transformação numa forma de ver a própria questão da tecnologia e as relações comunitárias.

3. Considerações finais

Jessop (1989) propõe que o processo de estruturação social envolve três elementos: a comunicação de sentido, o exercício do poder e o julgamento qualitativo da conduta; todos eles historicamente barreiras à participação nos processos de produção e consumo de bens culturais (principalmente aqueles que circulam nas esferas de mais poder e prestígio social) que sempre favoreceram os grupos hegemônicos. Ou seja, o isolamento imposto aos grupos periféricos dificulta a percepção de alternativas e de escolhas pressupostas em leituras sociais críticas. Os estudos iniciais sobre as práticas letradas mostraram tanto a diversidade dos padrões linguísticos e letrados adotados por diferentes grupos sociais, como ofereceram subsídios para reflexões. Neste caso, trata-se de refletirmos sobre o fato de que, embora todas as diferenças se justifiquem dada a diversidade que constitui a cultura mais ampla, nas situações de conflito — quando há uma assimetria nas relações de poder —, espera-se que seja justamente o grupo mais desfavorecido o que construa as pontes; é dele que se espera a aquisição de novos padrões linguísticos e sociais, dentro de exposições altamente precárias, como são aquelas oferecidas pelas práticas escolares.

A Internet mudou essa relação de diferentes maneiras, permitindo novos acessos e modos de participação em processos de consumo de bens culturais e, como indicou a voz da liderança local entrevistada, de participação e apropriação local do conhecimento. A análise priorizou a produção coletiva de *software*, um exemplo relevante, na medida em que se trata de produção de um tipo de saber hegemônico que é central ao processo atual de globalização do mercado e da cultura. Não perdendo de vista que a análise considerou apenas o relato de uma experiência pessoal de um jovem altamente preparado em termos técnicos e politicamente engajado, seus argumentos indicam o potencial de apropriações locais da tecnologia que podem favorecer e fortalecer movimentos de contradiscurso. Pode-se dizer, pois, que as TICs podem não mudar efetivamente os modos de participação social, mas potencializam novas alternativas. Como pondera Braga (2007b, p. 80),

> a direção do desenvolvimento tecnológico e das mudanças sociais dele advindas está sempre ligada a valores e ideologias preexistentes que podem também mudar em novas direções quando a adoção dessa tecnologia transforma a própria natureza das práticas sociais preexistentes.

As reflexões tecidas ao longo da entrevista pelo líder comunitário oferecem algumas interpretações que nos provocam a pensar nessa direção. Elas também levantam um problema para nós acadêmicos em relação à propriedade intelectual, que é central ao nosso modo de construção de conhecimento no campo profissional. Em última instância, a busca de entender o outro obriga-nos a fazer uma reflexão mais séria sobre nós mesmos. Para defender posturas mais igualitárias e participativas no plano político, somos obrigados a rever as barreiras que construímos em defesa de nosso lugar de poder. Esse não é um processo simples. Ele gera um conjunto de conflitos reais que não podem ser menosprezados quando migramos da teoria para a práxis social. Mas não é viável defendermos estruturações sociais alternativas, excluindo-se a necessidade de novos arranjos nos espaços de participação de **todos** os grupos sociais constitutivos da sociedade mais ampla, inclusive o nosso.

Concluo o texto retomando a voz do entrevistado que foi o interlocutor central da pesquisadora nesse processo de reflexão. Em termos de participação social, os recursos de interação oferecidos pelas TICs, em geral, e pela Internet, em particular, apontam para

> a possibilidade de [...] utilizar essa tecnologia construída coletivamente [...] pra poder proporcionar uma transformação, numa forma de ver a própria questão da tecnologia e as relações comunitárias [...] essa tecnologia pertence a todos nós, então porque nós não podemos usar ela da melhor forma possível e compartilhar ela com o maior número de pessoas possível?

Eis aí, em poucas e lúcidas palavras, o grande desafio lançado aos educadores engajados em ampliar o acesso às práticas letradas digitais. É preciso urgência em acolhê-lo.

Referências

BRAGA, D. B. Developing critical social awareness through digital literacy practices within the context of higher education in Brazil. *Language and Education*, v. 21, p. 180-196, 2007a.

_____. Social interpretations and the uses of technology: a Gramscian explanation of the ideological differences that inform programmers positions. *Critical Literacy*, v. 1, p. 80-89, 2007b.

_____. Tecnologia e participação social no processo de produção e consumo de bens culturais: novas possibilidades trazidas pelas práticas letradas digitais mediadas pela Internet. *Trabalhos em Linguística Aplicada*, Unicamp, v. 49, n. 2, p. 373-392, 2010.

BUZATO, M. E. K. *Entre a fronteira e a periferia*: linguagem e letramento na inclusão digital. Tese (Doutorado em Linguística Aplicada) — Instituto de Estudos da Linguagem, Unicamp, Campinas, 2007.

CERTEAU, Michel de. *A invenção do cotidiano*: artes de fazer. Tradução de Ephraim Ferreira Alves. Petrópolis: Vozes, 1994.

JESSOP, B. Capitalism, nation-states and surveillance. In: HELD, D.; THOMPSON, J. B. *Social theory and modern societies*: Anthony Giddens and his critics. Cambridge: Cambridge University Press, 1989.

Internet e acesso social: um estudo de caso

Luiz Fernando Gomes

Introdução

Com o advento da chamada Web 2.0, em 2005, os internautas deixaram de apenas buscar informações para também criar conteúdos e compartilhá-los via internet. Os *blogs*, e mais tarde o Orkut, Twitter, MySpace, Facebook, entre outros, foram nos mostrando que os usuários não estavam sozinhos, eles faziam parte de diversas redes de relacionamento e, quando se inscreviam numa comunidade do Facebook, por exemplo, faziam-no por algum desejo de pertencimento, de relacionamento, por querer estar junto, ou pela pulsão gregária do ser humano, nos dizeres de Lemos (2010). Com as pessoas conectadas, agora, em redes sociais, a comunicação passou a ser multidirecional, e novas formas de sociabilidade e de vínculos associativos e comunitários surgiram. Pode-se dizer que a maior parte do uso da internet passou a se dar em torno de relacionamentos sociais. Ao mesmo tempo, foi possível perceber que surgiam comunidades que agregavam outras, como é o caso da Cufa, Central Única das Favelas

(<http://www.cufa.org.br/>), por exemplo. Assim, eram as comunidades que se interconectavam por suas afinidades, objetivos, interesses etc. Isso diz mais do que indivíduos participando de várias comunidades. Sãos hipercomunidades que se lincam e ampliam suas vozes e seu laço.

O acesso à internet também foi sendo ampliado por iniciativas públicas (Acessa São Paulo, Sabe-Tudo — em Sorocaba —, por exemplo), nas escolas e em *lan houses*. Assim, as comunidades virtuais que foram surgindo tinham como membros pessoas cuja participação antes se restringia, quando muito, às ações sociais realizadas nos bairros onde residiam. Desse novo cenário surgiu a questão que norteia o presente estudo: estaria a internet ampliando a participação social, o engajamento, especialmente dos *outsiders* e dos menos favorecidos, em algum tipo de ativismo social?

1. Comunidades virtuais ou redes sociais?

O conceito de comunidade sempre pareceu algo difuso e polêmico, tendo passado por várias ressignificações através dos tempos, de acordo com as mudanças das nossas formas de vida. Na verdade, percebemos que nunca esse termo foi tão utilizado e também tão banalizado quanto hoje em dia. Na classificação por localização geográfica dos grupos sociais, os mais abastados moram em locais denominados condomínios; em seguida vêm os bairros em que reside a classe média; já os menos favorecidos moram em lugares chamados genericamente de comunidades. Atualmente o termo ganha novos contornos com as "comunidades virtuais".

A noção tradicional de comunidade esteve sempre ligada à manutenção dos valores, aos sistemas de controle e vigilância e à estrutura de apoio entre seus membros. Para Vannucchi (2004), o termo comunidade designa pessoas que assumem o mesmo encargo, um grupo humano identificado por determinadas obrigações e certos compromissos, em função de uma mesma finalidade. Para o autor, comunidade é uma forma intencional de vida [que]

> tem um espírito próprio que se manifesta em estruturas funcionais adequadas e consistentes. Em comunidade não se instrumentaliza ninguém. Todos são tratados como pessoas. Todos são ao mesmo tempo mestres e alunos, numa partilha contínua de suas experiências de vida. (Vannucchi, 2004, p. 20)

Porém, com a urbanização, a divisão do trabalho e a tecnologia (transportes, por exemplo), as comunidades tornaram-se dispersas e mantidas, principalmente, por laços informais de sociabilidade, apoio e identidade, ou seja, por redes sociais, enfraquecendo, mas não excluindo, necessariamente, a identificação geográfica anterior e a necessidade de um território em comum. Por exemplo: jovens amantes de determinado grupo musical podem deslocar-se de suas casas, em bairros diferentes, em direção a um clube onde todos se encontram para ouvir e conversar sobre o referido grupo musical. Eles convergem em termos de afinidade, embora estejam geograficamente dispersos.

Por outro lado, como esclarece Gohn (2004), atualmente, a comunidade deixou de ser apenas civil, para envolver múltiplos agentes, inclusive da esfera pública, ONGs, universidades e outros "parceiros" do desenvolvimento local. Entretanto, segundo a autora, o termo tem sido tomado, ultimamente, também no sentido com que era tratado pelos socialistas utópicos:

> ideal ou modelo civilizatório, como um grupo permanente de pessoas que ocupam um espaço comum, interagem dentro e fora de seus papéis institucionais e criam laços de identidade a partir dessa interação. (Gohn, 2004, p. 43)

Gohn alerta para o fato de que essa acepção parece revelar o desejo de retorno a um estilo de vida perdido na sociedade capitalista de massa. Paradoxalmente, essa aspiração parece retornar nas propagandas de residências em condomínios, cujos moradores, ao compartilharem churrasqueira, *playground*, área verde, proteção e segurança, recriam o imaginário de um ambiente comunitário.

O uso do termo "comunidades" no plural, segundo Gohn, denota a diversidade de agrupamentos humanos e de culturas e, portanto, de força local organizada. "O poder da comunidade passa a ser visto como parcela da sociedade civil organizada" (idem, p. 45). Dessa forma, ela dialoga com o poder constituído e "parte de sua força vem de sua interação" (idem, ibidem). O território, conclui a autora, além de ser uma categoria geográfica, passa a ser o local das práticas políticas e das relações de poder. Essa definição, porém, não se aplica às chamadas comunidades virtuais.

A definição desse novo tipo de comunidade é algo controverso. Lévy (1999, p. 27) traz uma definição funcional, porém incompleta, de comunidade virtual: "é um grupo de pessoas se correspondendo mutuamente por meio de computadores interconectados". Sabiamente, Levy deixou de lado em sua definição questões polêmicas, como o território, motivações e tempo de existência da comunidade, para apontar o que lhe pareceu essencial: comunicação e relações humanas mediadas por computador. Em 2002, porém, Lévy faz uma definição mais ampla, como podemos ver em Costa (2005, p. 246-247):

> Como afirma Pierre Lévy (2002), as comunidades virtuais são uma *nova forma de se fazer sociedade*. Essa nova forma é rizomática, transitória, desprendida de tempo e espaço, baseada muito mais na cooperação e trocas objetivas do que na permanência de laços. E isso tudo só foi possível com o apoio das novas tecnologias de comunicação.

Contudo, o que mais nos interessa aqui é ressaltar que a territorialidade é, possivelmente, um dos elementos mais fortes das comunidades tradicionais e o pomo da discórdia, nas comunidades virtuais. Se as comunidades virtuais, assim como as não virtuais, podem ser constituídas tendo o território como elemento em comum (bairro, cidade, estado, país), elas também podem ser constituídas com base em outras afinidades, tais como: gosto por um conjunto musical, ideais pessoais ou coletivos em comum ou *hobbies*, por exemplo.

Porém, o fato de a territorialidade física e geográfica ser um elemento fundamental para o estabelecimento das comunidades na modernidade talvez se devesse à razão de que as pessoas transitavam em ambientes fechados (casa, escola, fábrica, hospital etc.) e a subjetivação fosse produzida nesses ambientes, através de sistemas de controle vigilância, que moldavam os "corpos dóceis" (Esperandio, 2007). Entretanto, na contemporaneidade, os dispositivos de produção da subjetividade e, por conseguinte, de afinidades que propiciam a criação de laços com o "outro" não se limitam a espaços delimitados, pois o indivíduo não é mais um sujeito confinado e o sentimento (ou ilusão) de pertença está, agora, também ligado ao consumo de objetos e do "outro", que passa a ser visto também como objeto de consumo. Surgem legiões de seguidores e "curtidores" de todo tipo de "celebridade" e de fetiche em páginas e "comunidades" virtuais, algumas com agenda de eventos reais como, por exemplo, o Encontro de Ruivas e Ruivos do Amor Acobreado e o Cosplay.[1]

Esse sentimento, ligado mais ao consumo e proveito de si mesmo e do outro e que "tem como foco a satisfação pessoal e cuidado de si desvinculado do cuidado do outro", inaugura um estilo de vida individualista (Esperandio, 2007, p. 69). Para Bauman (2003), esse individualismo consumista seria uma das características de uma comunidade que ele chama de estética, a qual ele contrapõe à comunidade ética. Porém, segundo o autor, por força da mídia, ambas acabam se misturando, de forma que muitos procuram a comunidade estética quando desejariam integrar a comunidade ética.[2]

Se o elemento fundamental das comunidades tradicionais era o território, isto é, o espaço geográfico em que as comunidades se articulavam, no caso das comunidades virtuais esse território é virtual,

---

1. Atividade que consiste em **disfarçar-se**, **fantasiar-se** ou mesmo em interpretar algum personagem real ou ficcional, por exemplo, músicos, atores e atrizes, heróis de animes, HQs, mangás e de *videogames*.

2. As características das comunidades ética e estética são bem discutidas por Bauman (2003), nas páginas 62 a 68, de seu livro *Comunidade: a busca por segurança no mundo atual*.

pois, como bem argumenta Recuero (2001, p. 7), a comunidade mesmo desterritorializada necessita de uma base, um local de referência, um ponto de encontro, mesmo que simbólico, tal como um *site* ou um *blog*, por exemplo. É nesse ponto, esclarece ela, que "uma porção de atividade significativa ocorre".

Para Recuero, uma comunidade virtual teria, então, as seguintes características:

— existência de um nível mínimo de interatividade ou trocas comunicativas relacionadas;
— existência de uma variedade de comunicadores (interlocutores);
— um espaço público comum, onde uma porção significativa das interações ocorra;
— uma quantidade de membros relativamente constante, necessária para um nível razoável da interatividade, pois sem a permanência não há como aprofundar-se a ponto de construir uma comunidade e também de se criar um sentimento de pertença que os faça sentirem-se membros de algo maior;
— os membros devem eleger suas comunidades livremente;
— a existência de relações mantidas no ciberespaço (mas não essencialmente nele).

A essas características, incluímos algumas apontadas por Machado (2004):

— possibilidade de multiculturalidade;
— tempo flexível;
— laços não necessariamente sólidos e duradouros.

Convém lembrar que as características das comunidades virtuais são tributárias, em grande parte, das potencialidades tecnológicas, que através do acréscimo de funcionalidades e da criação de novas ferramentas de comunicação possibilitam a consolidação de algumas práticas, ao mesmo tempo que incitam novas formas de participação e de compartilhamento.

Para finalizar, digamos que há quem entenda (Castells, 1999; Ugarte, 2007) que as relações mediadas por computador assemelham-se mais a redes que a comunidades. Vejamos como Costa (2005, p. 247) resume essa ideia:

> É exatamente essa ambiguidade produzida pelo conceito de comunidade que a noção de rede social vem contornar. Não se trata mais de definir relações de comunidade exclusivamente em termos de laços próximos e persistentes, mas de ampliar o horizonte em direção às redes pessoais. É cada indivíduo que está apto a construir sua própria rede de relações, sem que essa rede possa ser definida precisamente como "comunidade".

Costa (2005, p. 239) defende a ideia de que redes exprimem melhor o que antes se queria dizer com comunidade, uma vez que não encontraríamos exemplos de comunidades no conceito tradicional — em parte idealizado — nem agora, nem nas sociedades pré-industriais. O autor explica:

> O que os recentes analistas de redes apontam é para a necessidade de uma *mudança* no modo como se compreende o conceito de comunidade: novas formas de comunidade surgiram, o que tornou mais complexa nossa relação com as antigas formas. De fato, se focarmos diretamente os laços sociais e sistemas informais de troca de recursos, ao invés de focarmos as pessoas vivendo em vizinhanças e pequenas cidades, teremos uma imagem das relações interpessoais bem diferente daquela com a qual nos habituamos. Isso nos remete a uma transmutação do conceito de "comunidade" em "rede social".

Não sendo mais a comunidade vinculada a um território físico, alguns coletivos virtuais podem ser mais bem entendidos como redes sociais. No caso aqui estudado, temos um indivíduo que busca, sem sucesso, construir uma rede de relações em torno dos ideais de ativismo social do *hip-hop*, em seu bairro, por meio de um *blog* e de dois *sites*.

2. Capital social digital em grupos desfavorecidos

Bourdieu é considerado por muitos o primeiro a falar sobre o capital social, definido por ele como "o conjunto de recursos, efetivos ou potenciais, relacionados com a posse de uma rede durável de relações, mais ou menos institucionalizadas, de interconhecimento e de reconhecimento" (Bourdieu, 1998, p. 28). Esse capital é fruto das relações humanas e está presente em todas elas. Ele depende do tamanho e da força das relações, assim como da importância de seus membros. Para Coleman (1990), com o capital social é possível se realizar coisas que não seriam possíveis sem ele. Embora ele pertença a cada elemento do grupo, só pode ser utilizado coletivamente.

O capital social depende do investimento de cada um no grupo e da força dos laços sociais. Sem o investimento na força e manutenção dos laços, o capital social enfraquece e tende a acabar. O investimento se dá na forma de participação, num esforço de sociabilidade. Numa comunidade onde as pessoas não comparecem nem agem conjuntamente, não há capital social e ninguém acaba tirando proveito das relações.

Falamos aqui, porém, de uma rede social digital que gira em torno, inicialmente, de um *blog*, e mais tarde, de um *site*. Participar e investir nos laços dessa rede requer, além do acesso à internet, algum letramento digital, não apenas no domínio, destreza técnica para uso do computador, mas também da leitura e da escrita verbal e visual. Isso nos traz de volta ao problema das dificuldades de grupos desfavorecidos se apropriarem dos processos digitais para a construção do capital social.

3. O *hip-hop*

O movimento *hip-hop* surge como uma manifestação cultural de grupos marginais. A expressão, que significa, literalmente, movimentar os quadris (*to hip*) e saltar (*to hop*), foi criada em 1968 pelo disc-jóquei (DJ) norte-americano Afrika Bambaataa para nomear os encontros dos dançarinos de *break*, DJs, MCs e grafiteiros nas festas de rua do bairro do Bronx, em Nova York. A literatura sobre o movimento registra que o movimento *hip-hop*, influenciado pelas ideias da militância negra de Malcom X, Martin Luther King e d'Os Panteras Negras, nasceu com um caráter ideológico de contestação política. O movimento tem entre seus princípios ideológicos,

> a autovalorização da juventude negra por meio da recusa consciente de certos estigmas (violência, marginalidade) associados a essa juventude imersa em uma situação de exclusão econômica, educacional e racial. (Rocha, Domenich e Casseano, 2001, p. 18)

O veículo para a conscientização de sua realidade e para sua possível transformação seriam os quatro elementos do *hip-hop*: dança, grafite, DJ (Disc-Jockey) e MC (Master of Ceremony).

No Brasil, o *hip-hop* chegou no início da década de 1980 com os famosos "bailes blacks", que juntavam curiosos para ver dançarinos de roupas largas e cabelo estilo "Black Power". O movimento logo foi aceito nas favelas e subúrbios brasileiros, difundido por Thaíde & DJ Hum. Ele se firma, mesmo, em 1997, com o lançamento do disco *Sobrevivendo no Inferno*, do grupo paulistano Racionais MCs, do *rapper* Mano Brown. O movimento, seguindo o exemplo americano do bairro nova-iorquino Bronx, costuma se organizar em "posses" — famílias forjadas que por meio da arte apoiam-se mutuamente. Há várias tendências: *Hip-hop* Gospel, Feminino, Radical, Social e *Hip-hop* Gangsta.

4. Procedimentos metodológicos

Inicialmente, foi realizada uma pesquisa exploratória a fim de se ter uma ideia do número de "comunidades periféricas virtuais Sorocaba". Incluímos o termo "Sorocaba" para restringir a busca à nossa cidade. Retornaram cerca de 4.050 resultados. Numa exploração superficial dos resultados da busca, verificamos que a grande maioria dos endereços estava relacionada a *sites* de venda de produtos para a "comunidade *hip-hop*": roupas, músicas, CDs e adereços para DJs, *rappers* etc. Outros eram *sites* e *blogs* de grupos de *rap*, feitos para oferecer *download*, divulgar agenda de *shows* e notícias do grupo.

Durante a exploração encontramos um *blog* intitulado "Posse: rima e revolução". Identificamos nesse *blog*, tanto pelas imagens quanto pelo seu discurso, que ele era propositivo, pois trazia palavras de ordem, de conscientização e contestação social (http://posserimaerevolucao.blogspot.com). Percebemos, porém, que o *blog* não estava sendo atualizado. Uma busca pelo nome do proprietário, na internet, trouxe-nos o endereço do *site* <http://www.linha42.com.br>, que substituíra o *blog*. Tomamos, então, o *blog* e o *site* como objetos de nosso estudo de caso.

5. O *blog* Rima & Revolução — *Hip-hop* social

O *blog* foi aberto por iniciativa de um jovem sorocabano, que se apresenta como: "militante das causas sociais, envolvido com o *hip-hop* e disposto a traficar informação". Com um fundo preto, traz no cabeçalho, em branco e caixa-alta, os dizeres: "Movimento cultural de Sorocaba tem o *hip-hop* como destaque, pela sua caracteristica mobilizadora e social, nas periferias do municipio. Rima & Revolução surge no ano 2000 e vem a ser destaque nos meios culturais populares e no meio político local" [sic].

Na página inicial, abaixo e à esquerda, uma imagem em preto e branco de Zumbi dos Palmares remete o leitor às questões raciais, ideais libertários e luta. Do lado direito, mas em tamanho menor, outra imagem, identificada como "escudo", completa a mensagem visual e identitária do *blog*: um punho fechado e levantado altivamente, rompendo uma forma oblonga negra que emoldura outra forma oblonga vermelha. Entre as imagens, no centro da tela, a primeira postagem do *blog*, escrita em vermelho, faz referência à importância das lutas raciais, da participação do *hip-hop* nas comunidades periféricas e da promulgação de uma Lei Municipal n. 7.359/2005, que institui a Semana do *Hip-hop* em Sorocaba.

Aberto em 27 de dezembro de 2007, o *blog* teve sua última postagem em 12 de novembro de 2009, ou seja, esteve ativo por 23 meses. Nesse período, o *blog* armazenou apenas 19 postagens. Os temas das postagens tratavam de: libelo pela liberdade das rádios comunitárias, divulgação de grupos de *rap* que fazem parte da posse Rima & Revolução; notícia sobre o encerramento da 3ª. Semana de Hip-hop de Sorocaba; divulgação de ações da *posse* nas comunidades dos bairros Parque das Laranjeiras e Santo André II, tais como a formação de um coral infantil no CDHU (Companhia de Desenvolvimento Habitacional e Urbano), sobre os dois anos de existência da Biblioteca Comunitária Zumbi dos Palmares, que possui 6 mil livros vindos de doações e está instalada no bairro Santo André II, periferia de Sorocaba; e uma notícia divulgando o sucesso do evento "Hip-hop no Natal — Vamos encher o saco do Papai Noel", promovido pela *posse*. Há também uma notícia sobre a publicação do livro intitulado *A síntese da exclusão*, escrito como trabalho de conclusão do curso de jornalismo, por Felipe Shikama e Fernanda Marques, e que trata do *hip-hop* e da história de algumas comunidades periféricas de Sorocaba e da vida nelas, ressaltando o papel importante do *hip-hop* para algumas conquistas dos bairros.

Observamos o *blog* sob três aspectos:

a. Motivação para a abertura do *blog*

Os três excertos das postagens (feitas por seu criador e reproduzidas tal qual estão no *blog*) nos ajudarão a entender a motivação para a abertura do *blog*:

Excerto 1

> No dia 15 de dezembro aconteceu no Parque das Laranjeiras Sorocaba, o hip-hop no natal, que faz parte da campanha vamos encher o saco do papai noel.

O evento arrecadou balas e doces para serem entregues no natal das crianças das favelas do nosso município.

Contamos com a presença do grupo Código Fatal e vários outros do interior de São Paulo, agradecemos a todos que participaram e de certa forma contribuíram para a realização de mais uma atividade da posse.

Essa postagem é acompanhada de uma foto do evento "Vamos encher o saco do Papai Noel", que mostra um *rapper* cantando diante da audiência dos moradores do bairro, no meio da rua.

Excerto 2

A construção de bibliotecas comunitárias tem sido desejo e a ação de muitas pessoas que trabalham para ampliar o acesso à leitura em cidades do interior e nas vilas e favelas da capital e de muitas cidades do Brasil... Algumas vezes, sem a ajuda inicial do poder público, tem gente que toca o barco sozinho. Apesar dos obstáculos, as bibliotecas comunitárias já fazem parte da realidade de muitas pessoas, graças ao esforço de poucas. No bairro Santo André dois, na periferia de Sorocaba, o movimento cultural Rima & Revolução mantém uma biblioteca comunitária, espaço cedido pela Cooperteto.

Curiosamente, a foto que ilustra esse *post* traz seis crianças em torno de uma bicicleta, diante da biblioteca, mas não há imagens do seu interior.

Excerto 3

No último dia 26 de abril, o bairro Santo André 2 se mobilizou em torno de um evento musical para arrecadação de livros para um novo núcleo de biblioteca que está sendo organizado no Parque das Laranjeiras e que homenageará o ex-sindicalista "Bolinha".

O evento que teve início às 10 da manhã teve como atração apresentação de música de raiz com o jornalista e compositor José Jesus Vicente, além de grupos de *Rap* e de pagode, houve também, corte de cabelo gratuito além de balão Pula-pula, para a alegria da criançada.

Foram arrecadados no geral 734 livros, 40 gibis para a ampliação do projeto de bibliotecas nas periferias da cidade.

Os excertos anteriores seguem o mesmo tom dos demais *posts* do *blog* e exemplificam o que parece ser a principal função do *blog*, ou seja, divulgar, difundir as ações sociais desenvolvidas na comunidade pela *posse* Rima & Revolução, fazendo as vezes de um jornal de bairro. As imagens que acompanham as postagens no *blog* mostram que os moradores prestigiam os eventos, embora o blogueiro se queixe do pouco apoio que recebe.

b. Características da rede virtual

O *blog* tem apenas 19 postagens, todas do próprio autor, sendo 10 em 2007, 5 postagens em 2008 e 4 em 2009. Como para nenhuma delas sequer houve algum comentário, pode-se dizer que o *blog* não gerou capital social a partir de ações engendradas nele, a despeito da realização de diversas atividades, como luta por criação de biblioteca comunitária, festa de Natal com doação de presentes e cestas básicas etc., divulgadas pelo proprietário do Rima & Revolução.

Talvez uma das explicações para a falta de postagens e, portanto, para a não constituição de uma comunidade ou rede virtual, seja a dificuldade de acesso à internet pelos moradores do bairro. Por outro lado, mesmo que haja alguma forma de acesso à internet e que alguns moradores do bairro saibam usar o computador, é provável que por viverem no mesmo bairro e se conhecerem, o conteúdo do *blog* torne-se redundante para eles. Assim, tendo uma comunidade que já se beneficia das ações (biblioteca e festa de Natal, por exemplo), talvez não sintam necessidade de se engajar na mesma comunidade no formato virtual, até por, talvez, não terem se dado conta do capital social que os laços virtuais poderiam acrescentar à comunidade.

O *blog* Rima & Revolução reflete um genuíno caráter idealista de seu proprietário e a disposição para a luta contra as mazelas da periferia. Nesse sentido, ele apoiou as rádios comunitárias, lutou pela criação da biblioteca local e organizou *guerras* de *rappers*. Os dizeres a seguir, colocados no rodapé do *blog*, podem ratificar essa impressão: "se querem transformar nosso movimento em mercadoria, nossa marca registrada será a resistencia! [*sic*]". Entretanto, quer nos parecer que todas as ações realizadas na comunidade se deram por conta do empenho do blogueiro, mas não em função da utilização dessa ferramenta que, como já dissemos, foi apenas divulgadora das atividades.

Não há dúvida de que o *blog* trouxe à luz alguns problemas do bairro e evidência a seu responsável. Se os moradores não conseguiram utilizar o capital social que a visibilidade rendeu ao idealizador do *blog*, os patrocinadores o fizeram. O *blog* Rima & Revolução deixou de ser atualizado a partir de novembro de 2009, mas seu criador continuou a militância. Criou (sem que nenhuma postagem sobre essa mudança tivesse sido colocada no *blog*) o *site*: <http://www.linha42.com.br>, agora com anúncios de patrocinadores. A finalidade imediata desse novo espaço era clara: informar e divulgar acontecimentos ampliando seu olhar para outros bairros sorocabanos, privilegiando temas como palestras e ações educativas, notícias em geral, informes sobre a manutenção da biblioteca comunitária Zumbi dos Palmares e sobre o recém-criado Espaço Cultural Linha 42. Duas mudanças, porém, ficaram evidentes: a primeira é que a possibilidade de participação via comentários no *site* fora excluída. Este, por sinal, como vimos, já não era um canal utilizado pelos leitores do *blog*. A outra mudança diz respeito à "transformação do movimento em mercadoria", com a inclusão de anúncios e da geração de lucro.

Não muito tempo depois de aberto, de repente, o Linha 42 saiu do ar, antes que pudéssemos colher mais dados sobre seu conteúdo. Decidimos engavetar esse estudo, sem perder a esperança de que o *site*, um dia, seria reativado. Após alguns meses, o *site* voltou ao ar, porém com o perfil bastante modificado.

Na nova *homepage* do *site* Linha 42, pode-se perceber, pela mudança de discurso, um redirecionamento de interesses em relação ao *blog* Rima & Revolução. A página principal está dividida horizontalmente em duas partes, divididas pelo menu, com as abas: Home, É Notícia, Bairro, Eu Indico, Bate-Papo, Parceiros e Contato. Em cima, o logo do *site* (um ônibus e o número da linha, que identifica seu destino, o bairro periférico Parque das Laranjeiras, e a propaganda de um time sorocabano de futebol, revelando interesse pela captação de recursos para manutenção do *site*, mesmo não havendo sintonia nas reivindicações sociais de ambos). Na porção inferior do *site*, há um *pop-up* tipo *outdoor* com anúncios que se revezam. Esse espaço é ocupado pela propaganda de uma escola de inglês que oferece aulas via Skype! Aqui parece haver ampliação da "comunidade" e do auditório, pois o anúncio não se dirige aos mesmos leitores do *blog* inicial.

À direita, temos uma enquete sobre o "quem será o novo prefeito de Sorocaba". Essa enquete já seria, talvez, um prenúncio das aspirações políticas do responsável pelo *site*. Os ícones do Zumbi dos Palmares e do punho elevado em riste foram excluídos no *site*.

A aba É Notícia contém um submenu intitulado Notícias e Artigos que aborda o apagão em *sites* de companhias aéreas, a falta de água em bairros sorocabanos e um texto sobre a exibição de filme pornográfico em festa infantil; na aba Novidades temos uma nota sobre inscrições para curso de artes cênicas. A seção Esportes tem três matérias, sendo uma delas em vídeo. À direita, numa coluna reservada ao "apoio cultural", aparecem como "apoiadores" um escritório de advocacia e uma gráfica.

A seção Contato (ainda não ativada) talvez seja mera formalidade do design do *site*, pois suspeitamos de que não será destinada a diálogos ou à manutenção de vínculos comunitários, devido à sua nova postura, que sugere a comunicação de um-para-muitos.

A ideia inicial do *blog* Rima & Revolução, aberto aos moradores do bairro Laranjeiras, com foco no diálogo e no fortalecimento dos laços comunitários para lutas por mudanças sociais, foi substituída, no *site*, pelos contratos de "apoio cultural" e "parceria" com anunciantes. Essas mudanças nos mostram o percurso de um blogueiro que se valeu do potencial da internet e do seu ganho de visibilidade para aumentar seu capital social e conseguir acesso social. Herschmann, importante estudioso do *funk* e do *hip-hop*, num artigo publicado na internet sobre a espetacularização do *hip-hop*, nos diz:

> a sociedade contemporânea, portanto, caracteriza-se por sua teatralização, pelo investimento na construção de "superfícies densas". *Hoje, diferente do passado, não basta ao indivíduo "ser", "acreditar numa causa" ou se "identificar com algum projeto", é preciso obter visibilidade e espetacularizar-se (isto é, "parecer ser"), de modo que seja possível se posicionar social e politicamente,* construindo sentidos no cotidiano. (Herschmann, 2005, p. 1; grifos nossos)

6. Considerações finais

Buscamos analisar, neste estudo de caso, o percurso de jovem sorocabano, morador de um bairro periférico, ligado ao *hip-hop* e interessado em protagonizar e mobilizar moradores locais para lutar por mudanças em suas condições de vida. Para tanto, ele recorreu à internet, criando inicialmente um *blog*. Embora essa ferramenta seja bastante eficiente para a divulgação de ideias e de textos com fotos, ela não se mostrou efetiva para a criação e fortalecimento de laços identitários fortes e relativamente permanentes na comunidade em que estava inserida. Talvez seja essa uma limitação dos *blogs*, já que há outras ferramentas mais adequadas à formação de vínculos sociais; pode ser também a forma como o *blog* foi utilizado — como um jornal de bairro; ou ainda a dificuldade de acesso à internet aliada a problemas com algumas formas de escrita em ambiente digital. O apurado é que não houve, de fato, a criação de uma rede social ou mesmo a manutenção dos vínculos comunitários, como resultado da utilização do *blog* e das duas versões do *site*. Por outro lado, o blogueiro ganhou visibilidade, que foi capitalizada, com a abertura de *sites* com anúncios geradores de renda.

De fato, abandonado o *blog*, seu autor deu início a um *site* com anunciantes e "apoiadores culturais", que serviu de trampolim para outro, maior. Esse crescimento veio acompanhado de mudança de discurso, menos "comunitário", autodenominado "O maior portal da Zona Norte", socialmente mais amplo e menos engajado nas palavras de ordem do *hip-hop*, cujas referências foram totalmente apagadas. Politizado ainda, mas talvez mais "político". Hoje, o *site*, constantemente atualizado, lembra em seu nome, sua identidade: Linha 42 — Jornal e *site* do bairro Parque das Laranjeiras e também possui uma página no Facebook, que optamos por não incluir neste estudo. Interessante observar que as notícias do jornal/*site* são exatamente as mesmas postadas no Facebook, mas que mesmo neste, cuja característica fundamental é propiciar a formação de redes de relacionamento, não havia, até a finalização deste texto, sequer um comentário, participação ou um esboço de rede social em formação.

A visibilidade adquirida com o apoio da internet e em eventos em que a entrada é um quilo de alimento, por exemplo, ou ainda na aquisição de roupas e apetrechos cuja renda é destinada aos necessitados da comunidade, pode ser fruto de um entendimento equivocado das profundas questões sociais e políticas que a ação social implica. Em nosso estudo, encontramos palavras de ordem pela resistência e pela luta, e campanhas para doações e ajudas de vários tipos, mas não vimos reflexões sobre "por que alguns grupos se tornam deficitários e carentes e por que precisam ser ajudados, protegidos e tolerados e tampouco quais táticas permitiriam intervir nas decisões em prol de seus interesses" (Costa, p. 13).

Talvez percebendo que a resposta para os problemas comunitários enfrentados pelos moradores do Parque das Laranjeiras e dos outros bairros periféricos da cidade ultrapasse as questões locais e se inserisse no âmbito das políticas públicas, em 2012, nas eleições para prefeitos e vereadores, o proprietário do *site* concorreu a uma das 20 vagas para vereador, juntamente com outros 438 candidatos, e elegeu-se como suplente, com 599 votos.

Referências

BAUMAN, Zygmunt. *Comunidade*: a busca por segurança no mundo atual. Rio de Janeiro: Jorge Zahar, 2003

BOURDIEU, Pierre. *Escritos de educação*. Petrópolis: Vozes, 1998.

CASTELLS, Manuel. *A sociedade em rede*. São Paulo: Paz e Terra, 1999. (A era da informação: economia, sociedade e cultura, v. 1.)

COLEMAN, James Samuel. Social capital and the creation of human capital. *American Journal of Sociology*, n. 94, p. 95-120, 1988.

COSTA, Rogério da. Por um novo conceito de comunidade: redes sociais, comunidades pessoais, inteligência coletiva. *Interface — Comunic., Saúde, Educ.*, v. 9, n. 17, p. 235-48, mar./ago. 2005.

ESPERANDIO, Mary Rute Gomes. *Para entender pós-modernidade*. São Leopoldo: Sinodal, 2007.

GOHN, Maria da Glória Marcondes. A educação não formal e a relação escola-comunidade. *Eccos*, revista científica, São Paulo, Uninove, v. 6, n. 2, p. 39-65, 2004.

LEMOS, André. *Cibercultura*: tecnologia e vida social na cultura contemporânea. Porto Alegre: Sulina, 2010.

LÉVY, Pierre. *Cibercultura*. São Paulo: Editora 34, 1999.

MACHADO, Nílson José. *Conhecimento e valor*. São Paulo: Moderna, 2004.

RECUERO, Raquel da Cunha. Comunidades virtuais: uma abordagem teórica. In: SEMINÁRIO INTERNACIONAL DE COMUNICAÇÃO, 5., *Anais...*, Porto Alegre, PUC-RS, 2001. Disponível em: <http://www.pontomidia.com.br/raquel/teorica.pdf>. Acesso em: 10 ago. 2010.

ROCHA, Janaína; DOMENICH, Mirella; CASSEANO, Patrícia. *Hip-hop*: a periferia grita. São Paulo: Ed. da Fundação Perseu Abramo, 2001.

UGARTE, Davi de. *O poder das redes*, 2007. Disponível em: <https://docs.google.com/folderview?id=0B-YLV8egGwSuQllwSUlwTmw3WDQ>. Acesso em: 10 ago. 2010.

VANNUCCHI, Aldo. *A universidade comunitária*: o que é, como se faz. São Paulo: Loyola, 2004.

Novos letramentos e inclusão digital: em direção a um enfoque pós-social

Marcelo El Khouri Buzato

1. Novos letramentos, uma nova sensibilidade

No presente capítulo, considera-se "novos letramentos" determinadas práticas sociais nas quais as tecnologias digitais da informação e da comunicação (doravante TDICs) têm um papel central na produção, distribuição, troca, refinamento e negociação de significados socialmente relevantes codificados na forma de textos (escritos ou de outra natureza). O adjetivo "novos", nesse caso, não se refere necessariamente à suposta "novidade" representada pelas TDICs, uma vez que já não se pode considerá-las assim tão novas. Nova é, isto sim, a conjunção dessa base computacional com seu *modus operandi* a fatores éticos e estéticos que caracterizam as sociedades contemporâneas, ditas pós-industriais (Knobel e Lankshear, 2007). Mais especificamente, os assim chamados "novos letramentos" são práticas discursivas voltadas para a produção e circulação de conteúdos midiáticos altamente diversificados, as quais se desenvolvem no seio de processos contínuos de inovação colaborativa ascendente e em rede (Buzato, 2010a). Em tais processos, valoriza-se o uso de capacidades técnicas e cognitivas distribuídas espaçotemporalmente, a partilha de conteúdos e recursos criativos, a experimentação semiótica organizada de forma heterárquica, que resultam na produção de objetos e ambientes midiáticos sempre abertos a novas intervenções e reapropriações coletivas.

Os discursos dominantes sobre letramento apontam hoje para letramentos como moedas de duas faces: de um lado há os eventos enunciativos concretos e empiricamente observáveis nos quais textos (em sentido amplo) participam como objetos de interações entre sujeitos sociais e de seus processos de interpretação; estes são chamados de eventos de letramento. Na outra face da moeda há os modelos culturais abstratos que norteiam as ações observáveis nos eventos, denominados práticas de letramento. Tem-se que cada prática é vinculada a um contexto sócio-histórico, espaçotemporal e institucional específico, e que o "trânsito" entre as práticas e os eventos é feito mediante a aplicação de determinados gêneros discursivos, ou disposições corporificadas, ou ainda hábitos internalizados.

Nesse esquema, a participação social está vinculada à capacidade do sujeito de apropriar-se dos modelos e engajar-se produtivamente nos eventos orientados para finalidades específicas e norteados por práticas de convenções, *scripts* e normas específicos, vinculados ao contexto. E para assegurar, supostamente, que todos tenham a mesma oportunidade de participar competentemente nessas práticas específicas, existem o que chamamos de agências de letramento específicas (a escola, a igreja, o sindicato, a família, o telecentro, e assim por diante). Essas agências tornam-se, então, instâncias de definição do que conta como letramento e, por tabela, criam os espaços de resistência de onde emergem letramentos ditos marginais, como os de pichadores, *hackers*, *rappers*, praticantes do internetês, e tantos outros grupos que fazem da escrita (em sentido amplo) um instrumento de contestação e expressão de subjetividades e estilos de vida ditos alternativos.

As agências oficiais tentam, periodicamente, trazer para seu próprio portfólio os novos letramentos, sejam eles dominantes ou marginais, tornando-os, em alguma medida, "domesticados" e voltados para o aumento da "produtividade" e "competitividade" dos países. É assim que se pode resumir, por exemplo, a proposta dos multiletramentos elaborada pelo New London Group (2000). Ao mesmo tempo, os grupos periféricos utilizam os novos letramentos como espaços (provisórios) de resistência e manifestação de identidades e modos de vida alternativos. Como os sujeitos letrados circulam por ambos os tipos de contextos, tanto os letramentos oficiais como os marginais são periodicamente renovados, hibridizados e redefinidos em relação uns aos outros. Da mesma forma, entende-se hoje que os sujeitos são renovados, hibridizados e redefinidos em suas identidades a cada evento enunciativo de que participam, em cada contexto ou domínio de suas vidas (Buzato, 2008).

Na pesquisa relatada no presente capítulo, propõe-se uma visão alternativa sobre (novos) letramento(s), não totalmente incompatível com a visão descrita anteriormente, mas alegadamente mais sensível à natureza empírica do fenômeno tal qual o experimentamos hoje. Tal noção mantém que letramentos são, de fato, práticas sociais, mas aponta para uma maneira alternativa de conceber o social e, por tabela, para um modo particular de estabelecer as pontes concretas entre o que seriam os eventos e as práticas de letramento, partindo, portanto, da asserção radical de que não há descontinuidade entre o sujeito, a linguagem e a estrutura, tanto nessas como em todas as demais práticas sociais.

Mais especificamente, em lugar de postular os dois lados de uma moeda, ou dois planos ontológicos que se influenciam mutuamente, trata-se de conceber letramentos específicos como configurações específicas de redes heterogêneas,[1] nas quais entidades humanas (pes-

---

1. Trata-se de redes de um tipo distinto, tanto as redes conceituais/abstratas utilizadas na teoria de grafos quanto as redes técnicas constituídas de equipamentos conectados. Em primeiro lugar, porque, enquanto grafos e redes técnicas vinculam atores de um mesmo tipo (pessoas com pessoas, máquinas com máquinas, conceitos com conceitos, lugares com lugares e assim

soas) e não humanas (máquinas, códigos, valores, ideias, textos etc.) se coagenciam e traduzem mutuamente para produzir o que chamamos de letramentos, contextos e sujeitos letrados.

Uma das razões pelas quais proponho essa ótica alternativa é que necessitamos urgentemente dar mais atenção não apenas às possibilidades de ação e participação social que as tecnologias propiciam aos humanos, mas também para as demandas que nos são continuamente impostas por máquinas, inclusive demandas para que provemos que somos humanos! Refiro-me, por exemplo, à experiência de contemplarmos imagens retorcidas e algo fantasmagóricas à busca de letras que possam ser digitadas quando queremos ter acesso à informação em algum banco de dados na Web, de modo que um "porteiro" não humano que atende pelo nome de CAPTCHA (Completely Automated Public Turing test to tell Computers and Humans Apart) possa "liberar nossa entrada", tendo assegurado que não somos um agente computacional tentando derrubar o banco de dados, mas leitores humanos em busca de informação.[2] Neste caso, nosso estatuto de humanos é obtido, perante o interlocutor não humano, por meio de um desafio cognitivo e perceptual. Mas a natureza performativa de nossa humanidade pode ser acionada de maneiras mais prosaicas, quando, por exemplo, nos flagramos acenando para um sensor no teto ou na torneira de um banheiro público para provar que nos movemos e, portanto, não somos um vaso sanitário ou latão de lixo que pode prescindir da iluminação para fazer o que é necessário que faça, ou então que não estamos desperdiçando água da torneira, como fazem as crianças "arteiras" e os cidadãos "sem consciência".

Falar em novos letramentos como espaços de participação social, portanto, seria, nessa ótica, falar sobre como atuar como agentes em

---

por diante), nas redes heterogêneas vinculam atores de natureza diferente (máquinas com pessoas, com ideias, com lugares e assim por diante). Segundo, porque em vez de estabelecerem laços entre si, as entidades de redes heterogêneas agem umas sobre as outras transportando forças e significados.

2. Buzato (2010b) sugere uma maneira de se usar agentes automatizados na web para desafiar o binário cultura-tecnologia/humano-não humano em favor de letramentos escolares críticos.

cadeias de coisas e pessoas em que circulam ações e significados os quais, por sua vez, constituem o próprio contexto ou campo social em que se espera participar. Mais do que isso, participar nessas cadeias é, em verdade, não um resultado, mas uma precondição para que os sujeitos existam, tenham uma identidade, sejam alguém ou alguma coisa. Compreender *como* essa participação pode gerar transformações corresponde, assim, a privilegiar as circulações, o movimento, os deslocamentos de corpos, forças, significados e estatutos ontológicos dos diversos elementos envolvidos, e flagrá-los estabelecendo e rompendo esses vínculos.

Dito de outra forma: trata-se de substituir uma concepção intersubjetiva (e/ou intrassubjetiva, puramente psicológica) de sociedade, sujeito e letramento por uma concepção interobjetiva (Latour, 1996), isto é, por uma ótica que nos permita mostrar como cadeias de pessoas-mais-coisas organizam a sociedade, e como as entidades não humanas dessas cadeias guardam e executam programas de ação que prescrevem o modo como humanos devem agir (Latour, 1992). Assim também, como os humanos podem produzir contradelegações e contraprogramas que, assim como a noção de resistência, constituiriam o que podemos chamar de autoinclusão ou autoexclusão.

Em suma, os novos letramentos clamam, a pesquisadores, educadores e formuladores de políticas de "inclusão digital", pela adoção de uma nova sensibilidade ou ótica teórico-metodológica que dispense binarismos tais como humano *versus* não humano, coletivo *versus* individual, técnico *versus* cultural, global *versus* local, agência e estrutura e assim por diante. Essa necessidade me levou a trazer para minhas pesquisas mais recentes (Buzato, 2009, 2010b, 2011, 2012a, 2012b, 2013) aportes da Teoria Ator-Rede (Callon, 1986; Latour, 1988, 2000, 2005; Law, 1992, 2000, 2006, 2007; Callon e Law, 1997), já anteriormente utilizada em estudos sobre os novos letramentos, embora não explorada em todo o seu potencial (Brandt e Clinton, 2002; Hamilton, 2001; Clarke, 2002, Barton e Hamilton, 2005; Leander e Lovvorn, 2006, entre outros).

A principal contribuição desta teoria para a discussão a que se dedica o presente volume, segundo eu a vejo, é, para além da atualidade[3] no cenário dos estudos de apropriação tecnológica, a de que permite uma manobra metodológica um tanto radical, mas extremamente frutífera em termos descritivos. Por meio da referida manobra, podemos pensar nos sujeitos letrados conectados (ou incluídos, se preferirmos) não como agentes cuja ação é modelada por uma "estrutura" social preexistente, mas como atores-redes engajados em empreendimentos subjetivos que, ao transformarem-se a si mesmos, produzem, em conjunto, "efeitos estruturais" de estabilização ou desestabilização.

Diferentemente das abordagens sociológicas mais tradicionais, baseadas no conceito de "interação social" como fundamento da relação entre estrutura social e agência individual, a TAR[4] descreve a relação entre estrutura social e agência dos atores sociais a partir do conceito de *translação*. Translações são definidas como deslocamentos de ações e significados, nos quais cada elemento envolvido, quer seja ser humano ou outro tipo de ser, traduz os interesses e a linguagem dos demais elementos em seus próprios interesses e sua própria linguagem.

Segundo essa ótica, que conjuga princípios metodológicos da Etnometodologia com elementos teóricos sobre a produção do sentido emprestados da Semiótica Francesa (Høstaker, 2005), toda translação envolve múltiplos atores, e toda descrição de uma translação precisa começar pela escolha de um ator-focal a ser seguido à medida que estabelece e rompe conexões com outras entidades.

Por ser um conjunto de elementos heterogêneos com potenciais e interesses divergentes, uma translação sempre apresenta eventos de negociação, persuasão, resistência, exclusão, coerção e muitas outras formas de circulação de poder. Desnecessário é dizer, portanto, que

---

3. Utilizo, neste trabalho especificamente, o que Fenwick e Edwards (2010) chamam de "early ANT", isto é, uma versão praticamente seminal da Teoria Ator-Rede que, ao longo de quase três décadas de sua existência, foi desenvolvida, traduzida e traída (Law, 2006) de muitas maneiras.

4. Não há espaço para discorrer sobre a TAR em detalhes aqui, por isso vou me deter em uns poucos conceitos centrais e uns poucos exemplos retirados de minhas pesquisas, apenas para ilustrar o potencial dessa ótica para a discussão em tela. Indico para os interessados em conhecer a TAR mais profundamente o trabalho de Latour (2005).

a estabilidade de uma translação é sempre provisória e seu equilíbrio sempre dinâmico. É essencial notar, ainda, que toda translação e/ou ator-rede é necessariamente uma entidade envolvida em outras translações e/ou atores-redes, caso contrário não existiria, não possuiria uma identidade.

Finalmente, acerca dos atores, é preciso notar que se comportarão de modo previsível, isto é, como *intermediários* na rede, enquanto seus interesses estiverem adequadamente traduzidos, mas poderão transformar-se, a qualquer momento, em *mediadores*, atores que desviam a ação e o significado, e que, portanto, traem o ator-rede a que pertenciam em busca de conexões mais adequadas para si. Isto seria, em essência, o movimento pelo qual os atores podem "transformar as estruturas", simplesmente, transformando-se a si mesmos.

Há um esquema descritivo das translações produzido nos primórdios da TAR que, embora já revisto em muitos aspectos, permanece útil para quem se inicia na teoria. Trata-se de identificar quatro momentos parcialmente superpostos (Callon, 1986).

No primeiro momento, chamado de problematização, um empreendedor identifica um problema e propõe sua formulação ao grupo de entidades afetadas pela situação. Alegando ter a solução, esse ator principal atrai as entidades, e, por consequência, as redes de entidades que constituem cada entidade para o seu empreendimento emergente. O objetivo do empreendedor central é transformar-se em um ponto de passagem obrigatório para os interesses e as ações de todos os outros, o que o tornará um ator mais poderoso, mais extenso e mais estável do que era inicialmente.

No segundo momento, chamado de persuasão (*intéressement*), e no terceiro, denominado alistamento (*enrollment*), tratados aqui em conjunto por uma questão de simplificação e falta de espaço, o ator focal seleciona os aliados capazes de realizar certas ações e assumir certas identidades, ao mesmo tempo em que exclui os atores recalcitrantes e/ou que disputam a atenção dos aliados com problematizações alternativas. O ator-focal define, então, as maneiras pelas quais os interessados alistados devem portar-se, ao mesmo tempo em que os persuade (ou obriga) a separarem-se de outras redes.

No momento final, mobilização de aliados, o desafio é garantir que a longa cadeia de atores agora enredados permaneça coesa e os diversos interesses envolvidos continuem alinhados. Para isso, o ator-focal lança mão de um tipo especial de entidades chamadas *móveis imutáveis*. Trata-se, normalmente, de formas ou representações formais que podem ser transportadas por meio de qualquer tipo de materialidade sem maiores consequências para o seu significado. No caso dos empreendimentos tecnocientíficos, podemos falar em fórmulas, equações, mapas, números etc. É a circulação incessante dos móveis imutáveis que permite aos atores enredados compartilharem uma certa "realidade". Embora a visão sinóptica (Latour, 1990) do empreendedor central não seja acessível aos atores locais, é o controle centralizado dessas circulações que permite aos diversos sítios locais tornarem-se comensuráveis e, portanto, estabelecerem identidades em relação ao que seria uma realidade mais global.

Resta explicar como o empreendedor central e os atores locais podem coordenar suas atividades se seus processos interpretativos e visões de realidade não são compartilhados. Entra aí um tipo especial de mediador que funciona como dispositivo de tradução que, ao mesmo tempo em que "estrutura" a atividade, permite que os atores locais persigam seus próprios afetos e interesses, usando sua própria linguagem. A essas entidades tradutórias chamamos de objetos fronteiriços (Star e Griesemer, 1989), doravante OFs.

É especialmente produtivo, hoje, para quem pesquisa "participação social", identificar os OFs que circulam na internet e em outras tecnologias móveis, se queremos entender, por exemplo, por que atores locais, digamos, caixas do banco ou médicos especialistas, declaram-se incapazes de agir quando "o sistema cai" ou "o convênio não autoriza" o procedimento. Da mesma forma, identificar esses objetos ajuda a entender a crescente capacidade dos governos, empresas e outras instituições extensas e poderosas de "localizar", a cada momento, quais os sítios locais propensos a sonegar, consumir, adoecer, transgredir, dormir, acordar e assim por diante. Finalmente, é útil nos perguntarmos, a cada momento, se não estamos nós mesmos sendo usados como OFs postos a fazer agirem de forma coordenada, porém mutuamente incompreensível, diferentes serviços públicos aos quais recorremos, disciplinas científicas que colocamos em diálogo em nossas pesquisas, empresas das quais somos clientes e assim por diante. Dito de outra forma: agir como OF é, possivelmente, uma forma essencial de participar socialmente tanto para não humanos quanto para humanos.

2. Participação, subjetividade e translação: o caso de A.

Para ilustrar a utilidade da ótica atorrediana, utilizo uma vinheta constituída a partir de resultados de pesquisa[5] relativos ao caso de **A**., uma estudante universitária de 19 anos, que se declarou negra, heterossexual e de classe média baixa. **A.** estudava Licenciatura em Letras em uma universidade pública do estado de São Paulo, e trabalhava em período integral como inspetora de alunos em uma escola municipal em cidade próxima à da universidade, além de ministrar aulas particulares para complementar a renda própria com a qual supria suas necessidades de locomoção, vestuário e consumo de tecnologia para fins pessoais (créditos de celular e de internet 3G, por exemplo).

A. foi seguida por mim ao longo de alguns meses, com a ajuda de instrumentos etnográficos tradicionais, tais como observação simples e participante, coleta de textos e artefatos, conversas informais e anotações de campo. Em especial, ela mesma me ajudou a gerar os dados da pesquisa, permitindo que eu instalasse em seu computador pessoal um *software* de monitoramento[6] capaz de registrar, à taxa de doze registros por minuto, toda a atividade do sistema.

Além desses registros, pude ainda recolher textos impressos ou quirográficos utilizados por **A.** na escola, no trabalho e em casa e, finalmente, pedi que produzisse mapas que retratavam as distribui-

---

5. Versões ampliadas desses resultados estão disponíveis em Buzato (2011, 2012a, 2012b, 2013).

6. Spector Pro 6.0, *Spector Soft*, Vero Beach, EUA.

ções espaciais, temáticas e midiáticas de seus eventos de letramento usuais. Com base em um dos mapas desenhados por **A.**, elaborei a Figura 1, que dá uma noção do que seria "o contexto" de seus letramentos digitais:

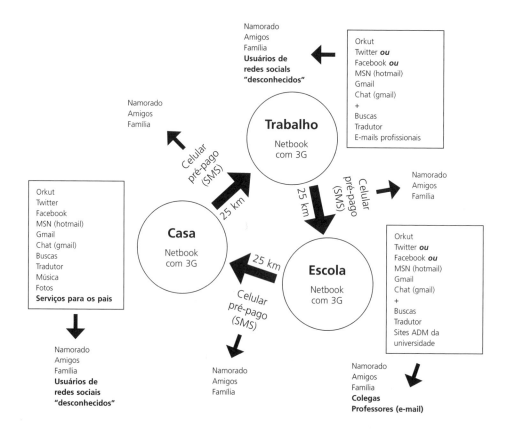

Figura 1. Circulação diária do corpo e dos letramentos digitais de A.

Na vinheta que se segue, pretendo mostrar, de forma bastante sintética, qual era a problematização que orientava o empreendimento subjetivo de **A.** à época da pesquisa, e como ela alistou e traduziu importantes aliados na forma de textos e tecnologias para transformar sua realidade, transformando-se a si mesma.

A problematização de **A**. estava expressa, em suas próprias palavras, no pequeno texto endereçado aos leitores de seu *blog* dedicado a "ensino, diversidade e linguagem":

Excerto 1

Nada sei, ainda. Mas vivo em contínua busca pelo conhecimento. Tentarei ajudá-los, conforme for conseguindo. E vocês também podem me ajudar muito... Topam?

A. decidira montar um *blog* para "quem tiver interesse em *seguir*... talvez quem tenha alguma *dúvida* em português, questão de ensino" (grifos adicionados), mas não pretendia atrair seus leitores com a promessa de respostas certas e prontas; o que oferecia como interesse comum, capaz de traduzir os interesses de seus leitores, era justamente a possibilidade de aprender pela dúvida, como conta o *post* "aula" tirado do *blog*:

Excerto 2

Aulas

Bem, moro numa escola e trabalho em uma, também. Estive pensando, seriamente, sobre algumas questões. E *eu*, entrando *também* no Ensino, pairam-*me* várias *dúvidas*. Por exemplo: como incentivar a leitura entre os alunos? Como fazê-los ler? E a internet, é um mal? (grifos adicionados)

Se, para um observador distanciado, a problematização de **A**. pode parecer vaga ou mesmo ingênua, para ela tratava-se de falar sobre sua experiência concreta, na qual a dúvida demonstrou sua capacidade, em diferentes provas de força. Ligada, durante toda sua infância e adolescência, a uma igreja evangélica pentecostal que lhe impunha muitas restrições comportamentais baseadas em dogmas, **A**. encontrou na dúvida um aliado valioso:

Excerto 3

Pronto, o marco foi o cursinho [...] Você para pra refletir... aula de redação... você começa a ficar mais crítica, aquele ambiente de... começa... a faculdade começa no cursinho! É isso! Aí eu parava pra olhar ((inaudível))... puxa, né?, ia estudar história mais a fundo, e... eu estudava na escola também, antes, mas eu pensava comigo "não, o professor tá falando absurdo", porque eu acreditava no que diziam na igreja.

Se "diversidade" agora figurava em seu *blog* como algo a ser discutido e compreendido a partir da dúvida, assim não era nos tempos em que o pastor lhe dizia, exatamente, como ser mulher e continuar pertencendo à igreja: não cortar o cabelo, não fazer curso superior, não ir a festas, não cultivar sonhos de casamento com vestido branco e música romântica, como havia nos filmes, um preceito específico daquela denominação protestante que lhe era particularmente difícil aceitar. Começando a vincular-se em outras translações, persuadida e alistada por problematizações alternativas, **A.** negociou novas maneiras de traduzir seus interesses e os interesses de Deus, por rotas que já não tinham no pastor um ponto de passagem obrigatório:

Excerto 4

Aí você ouvia, assim, eles diziam coisas, contavam a explicação, bíblica e tal, mas eu falava, não, mas isso daí é um momento! Sabe, guardar a força assim nos cabelos, e pá-pá-pá. Eu falei: "mas gente... ((colocando a palma da mão sobre a testa)) Sansão e Dalila já passou, agora... não tem a ver agora. [...]
[...] fala que se ela tiver o cabelo, os cabelos crescidos, o cabelo é como se fosse, representa o véu. Mas fala cabelos crescidos. *São cabelos crescidos*, compridos ((corre as palmas das mãos pelos cabelos, de cima para baixo)), *mas não que você não pode cortar*. E eles 'não, mas não pode'. Daí eu pensei bem que

determinadas coisas eram ditas na igreja, para as mulheres, para que elas, automaticamente não evoluíssem, digamos assim [...]" (grifos adicionados)

De fiéis intermediárias que, esperava o pastor, viessem a transportar para o cotidiano dos crentes, por meio dos seus sentido literais, a vontade de Deus, as palavras do texto bíblico passaram a mediadoras para uma **A**. alistada e interessada, agora, por outras translações, na forma de outros letramentos, como os do cursinho, ou do grupo de usuários do *Yahoo Answers* com quem se juntara para fundar uma lista de discussão sobre ateísmo e religiões.

Excerto 5

Eu parava pra pensar, ali em casa: eu conheço a Bíblia de cabo a rabo! Esses tempos que eu passei na ((nome da igreja)) pelo menos serviram pra isso. Eu conhecia, eu sabia tal versículo, o outro versículo. A pessoa fala, eu ((toca a cabeça com o indicador)) sei onde está! Mas e o mesmo... foi esse... foi o conhecimento da Bíblia é que me fez sair, também. Parei pra analisar! "Ah, vocês leiam a Bíblia!", era muito incentivo o tempo todo, "tem que ler a Bíblia, tem que ler a Bíblia, tem que ler a Bíblia", né? *Esse mesmo conselho é que me fez sair* (grifos adicionados).

Junto às inscrições da Bíblia, passavam por **A**., agora, outros textos (móveis imutáveis) pertinentes a outras redes, e disciplinadas por outras problematizações formuladas para os mesmos problemas filosóficos (Figura 2a). Assim como cabelos não cortados viraram cabelos longos, a cruz tornara-se, com uma pequena mudança de perspectiva, uma pandorga, capaz de figurativizar um gnosticismo não institucionalizado ("leveza da alma") e/ou ao ateísmo ("liberação da mente"). Novamente, eram dúvidas, e não certezas, que mobilizavam **A**.

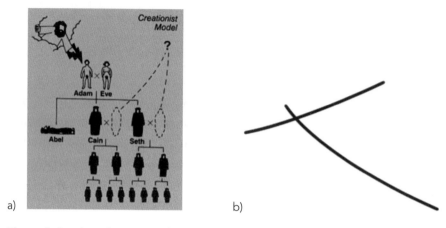

Figura 2. Arquivos de imagem disponíveis no repositório da comunidade de discussão sobre religiões e ateísmo de que **A**. participava.

Ao mesmo tempo que tinha dúvidas e buscava respostas para si numa variedade de fontes, entretanto, **A**. também participava de eventos interativos em torno de problemas e dúvidas dos outros, como atesta a Figura 3, em que aparece um total de 9 mensagens do serviço de perguntas e respostas *Yahoo Answers* dentre 25 mensagens exibidas em apenas uma tela do sistema.

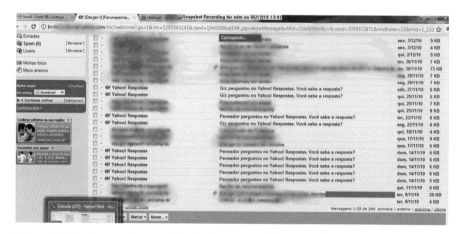

Figura 3. Mensagens de *e-mail* enviadas a **A**. pelo serviço de perguntas e respostas na web.

Notei que **A.** de fato engajava-se com as perguntas e respostas que lhe eram enviadas pelo serviço, dedicava-lhes tempo e esforço, a despeito de todas as atividades profissionais e acadêmicas que realizava. Sobre sua motivação para tanto, explicou:

Excerto 6

A maioria das vezes eu entro pra responder [...] você monta um perfil e escolhe as categorias de perguntas [...] Eu tenho uns amigos das exatas que entram pra olhar [...] os exercícios, né? Tipo, quem tem a resposta pro exercício tal? [...] Aí as pessoas opinam, ajudam a resolver... é uma forma também... e, ele:: conforme você responde perguntas, você ganha pontos também, e quando você pergunta, você perde alguns.

Perguntei a **A.** para que serviam os pontos ganhos[7] no sistema:

Excerto 7

... não sei (risos)... pra nada (risos) Pelo menos para entrar lá e pra falar "nossa, ele sabe das coisas"! (risos) Uma vez eu respondi, assim... sobre português... às vezes eu respondia, tipo... sobre o cotidiano... uma vez uma menina perguntou assim "o

---

7. No Yahoo Answers, os usuários começam com 100 pontos dados pelo *site* e passam a receber pontos por resposta dada (2 pontos), por votar na melhor resposta (1 ponto), por avaliar a melhor resposta numa questão já encerrada (1 ponto), por ser o autor da resposta escolhida como a melhor (10 pontos) e por escolher a melhor resposta para um pergunta que ele mesmo fez (3 pontos). Em compensação, a cada pergunta feita, o usuário perde 5 pontos. Como se vê, o sistema desestimula a formulação de perguntas irrelevantes para o autor, ao mesmo tempo que estimula as pessoas a usarem seu próprio conhecimento de mundo e sua capacidade de avaliação para refinar e qualificar, perante o sistema, quais as respostas mais relevantes para cada pergunta efetuada. À medida que a pontuação do usuário aumenta, ele recebe privilégios, tais como ter direito a fazer mais perguntas e a avaliar respostas dadas a outras perguntas que não as feitas por ele mesmo. Os usuários são classificados por níveis que vão do 0 ao 7, e essa informação aparece junto ao seu perfil para todos os demais usuários, conferindo-lhe graus diferenciados de prestígio na comunidade. Manter-se no nível máximo, contudo, requer que o usuário mantenha-se constantemente ativo, perguntando, respondendo e avaliando, pois o *status* do usuário é revisto pelo sistema semanalmente.

que é que eu faço em tal situação, eu tô grávida, e tal"... Eu peguei e dei um conselho pra ela, eu dei um conselho.

Estamos aqui, evidentemente, diante de um OF que permite à microtranslação correspondente à subjetividade de **A**. vincular-se a uma macrotranslação correspondente ao negócio de internet chamado *Yahoo*. Como já dito, um OF é um objeto que permite coordenar duas escalas e/ou sítios diferentes de atividade social sem que os atores envolvidos necessitem coordenar os significados locais de suas ações. Neste caso, enquanto, do lado de **A**., as ações permitidas pelo sistema faziam avançar sua problematização subjetiva, do lado da empresa dona do serviço, essa mesma atividade fazia funcionar outra problematização (um plano de negócios), voltada à transformação de uma companhia ponto-com em um ponto de passagem obrigatório para as necessidades e desejos de consumo de uma grande quantidade de usuários da internet.

O valor financeiro necessário para sustentar o empreendimento da *Yahoo* é conseguido de duas formas. Uma delas é a venda de oportunidades de publicidade altamente direcionada e, portanto, altamente eficaz, a anunciantes comerciais, no exato momento em que o usuário do sistema se revela propenso a consumir algo. A outra é o uso do conteúdo gerado pelos usuários para melhorar o funcionamento de outras aplicações como, por exemplo, motores de busca. Mesmo sem se importar com sua pontuação, ou em saber para que serve a pontuação, **A**. contribuía, a cada momento, para a viabilidade daquele empreendimento global, ao mesmo tempo que tal empreendimento fornecia as dúvidas dos outros que eram do interesse de **A**.

3. Considerações finais

A ubiquidade das tecnologias digitais dentro ou em torno de agências de (novos) letramento(s) e "inclusão" tais como a família, a escola, a empresa, a igreja, o sindicato, entre outras, vem tornar ainda mais visível a implausibilidade de compreendermos práticas de letramento como fontes abstratas e imanentes de regulação dos comportamentos humanos. A cada evento observado com a ajuda das lentes da TAR, tornam-se visíveis as cadeias de tradução e transporte de forças e significados que necessitam ser consideradas quando pensamos em transformação social e participação dos sujeitos mediada por tecnologias. Assim como os sujeitos letrados, as tecnologias e as agências promotoras de (novos) letramentos e/ou inclusão social (digital) não podem mais ser tomadas como caixas-pretas[8] que acolhem iletrados excluídos e devolvem letrados incluídos à "sociedade", sem que nos importemos com as problematizações e controvérsias por meio das quais se definiu o que veio a ser o "dentro" e o "fora" de determinado campo social.

Uma concepção dos novos letramentos fundamentada numa ótica de atores-redes pode ser, como tentei propor, o caminho para uma reproblematização radical acerca do que há "lá fora", nos contextos sociais, e "lá dentro", nos sujeitos e máquinas. Radical no sentido de postular a mobilização dos agentes em cadeias de circulação de forças e significados como produtora dos assim chamados espaços ou campos de participação social em que se pretende incluí-los, campos e espaços vistos, portanto, como efeitos de rede, e não como estruturas dadas a serem ocupadas por agências encapsuladas em sujeitos ou instituições.

Da mesma forma, classe, gênero, cultura, etnia e outros construtos tradicionais da imaginação sociológica (Knorr-Cetina, 2005) mostram-se se cada vez menos capazes de representar os interesses dos

---

8. O termo deve ser tomado aqui no seu sentido dentro da TAR, isto é, como uma entidade altamente complexa cujo funcionamento interno esteja a tal ponto estabilizado, livre de controvérsias internas, que se possa pensá-la como uma entidade única e levar em conta apenas os seus *inputs* e *outputs*. A caixa-preta, dessa forma, adquire o *status* de fato/realidade e deixa de ser objeto de atenção a menos que, por força de sua vinculação a outras translações, ela necessite ser reaberta. Reabri-la, contudo, corresponde a reconfigurar o que, até então, se entendia por realidade ou por fato e realimentar o fogo das controvérsias internas que haviam sido apaziguadas.

coletivos humanos altamente heterogêneos, que agora podem representar-se a si mesmos de formas alternativas, por meio das novas tecnologias. Permanecem úteis, entretanto, enquanto "subjetificadores" (Latour, 2005) que os sujeitos podem alistar nos processos de troca de vínculos piores por vínculos melhores, que podemos chamar de sua "emancipação" (Ibid.), **A**. o fez, por exemplo, ao usar "diversidade" como mote para seu *blog* pessoal e quando decidiu que "determinadas coisas eram ditas na igreja, para as mulheres, para que elas, automaticamente não evoluíssem"; mas também ao perceber-se uma mulher diferente das mulheres da igreja no momento em que seu cabelo, e não mais o pastor, passou a mediar sua relação com a Bíblia. Tanto o gênero feminino concebido como dado demográfico mobilizado por teorias sociológicas tradicionais, quanto o gênero feminino entendido como "empreendimento subjetivo" produzido localmente aparecem aí como fatos concretos e concretamente rastreáveis porque vinculados a — e, portanto, traduzindo e sendo traduzido por — um conjunto de entidades não humanas (a Bíblia, os cabelos compridos, o vestido branco, o *blog*) que, tanto quanto as humanas (sociólogos, pastores, professores, namorados, colegas de cursinho), produzem um ator-rede chamado **A**.

Educar um ator-rede, suponho, corresponderia a apoiá-lo na formulação e implementação de problematizações mais sofisticadas, nas quais dúvidas contem mais do que certezas, e capacidade de traduzir conte mais do que capacidade de agregar conteúdos. Seria, além disso, insistir sempre na necessidade de considerar o lado de lá dos diversos objetos fronteiriços com que terão de lidar ao longo da vida. Se vale o que diz Latour (2005, p. 230) sobre liberdade ou emancipação, isto é, "liberdade é desvincular-se de laços ruins, e não a ausência de laços", incluir um ator-rede, por sua vez, não seria exatamente "abrir espaços" de participação, mas ampliar as suas possibilidades de trocar vínculos piores por vínculos melhores, do ponto de vista de seus interesses subjetivos. Isso equivaleria a transformar espaços enquanto transforma a si mesmo.

Referências

BARTON, D.; HAMILTON, M. Literacy, reification and the dynamics of social interaction In: _____; TUSTING, K. (Eds.). *Beyond communities of practice*: language, power, and social context. New York: Cambridge University Press, 2005. p. 14-35.

BRANDT, D.; CLINTON, K. Limits of the local: expanding perspectives on literacy as a social practice. *Journal of Literacy Research*, n. 34, v. 3, p. 337-356, 2002.

BRUNS, A. Towards produsage. In: CULTURAL ATTITUDES TOWARDS COMMUNICATION AND TECHNOLOGY 2006, *Proceedings...*, Perth: Murdoch University, p. 275-84, 2006. Disponível em <http://produsage.org/files/12132812018_towards_produsage_0.pdf>. Acesso em: 12 jan. 2012.

BUZATO, M. E. K. Cultural perspectives on digital inclusion. *International Journal on Multicultural Societies*, v. 10, n. 2, p. 262-80, 2008.

_____. Letramento, novas tecnologias e a Teoria Ator-Rede: um convite à pesquisa. *Remate de Males*, v. 1, n. 29, p. 71-88, 2009.

_____. Cultura digital e apropriação ascendente: apontamentos para uma educação 2.0. *Educação em Revista*, v. 3, n. 26, p. 283-303, 2010a.

_____. Can reading a robot derobotize a reader? *Trabalhos em Linguística Aplicada*, v. 9, n. 2, p. 359-372, 2010b.

_____. Novos letramentos e a Teoria Ator-Rede: gêneros digitais como objetos fronteiriços. In: SIMPÓSIO INTERNACIONAL DE ESTUDOS DE GÊNEROS TEXTUAIS (SIGET), 4., *Anais...*, Natal, UFRN, 2011. Disponível em: <http://www.cchla.ufrn.br/visiget/pgs/pt/anais/Artigos/Marcelo%20El%20Khouri%20Buzato%20%20%28UNICAMP%29.pdf>. Acesso em: 20 fev. 2011.

BUZATO, M. E. K. Práticas de letramento na ótica da Teoria Ator-Rede: casos comparados. *Calidoscópio*, São Leopoldo, v. 10, n. 1, p. 65-82, 2012a.

_____. Letramentos em rede: textos, máquinas, sujeitos e saberes em translação. *Revista Brasileira de Linguística Aplicada*, v. 12, n. 4, p. 783-809, 2012b.

_____. Mapping flows of agency in new literacies: self and social structure in a post-social world. In: JUNQUEIRA, Eduardo S.; BUZATO, Marcelo E. K.

(Orgs.). *New literacies, new agencies*: a Brazilian perspective. New York: Peter Lang, 2013. (New Literacies and Digital Epistemologies.)

BUZATO, M. E. K.; SEVERO, C. G. Apontamentos para uma análise do poder em práticas discursivas e não discursivas na Web 2.0. In: ENCONTRO DO CELSUL (CÍRCULO DE ESTUDOS LINGUÍSTICOS DO SUL), 9., *Anais on-line...*, 2010. Disponível em: <http://www.celsul.org.br/Encontros/09/artigos/Marcelo%20Buzato.pdf>. Acesso em: 20 fev. 2011.

CALLON, M. Some elements of a sociology of translation: domestication of the scallops and the fishermen of St. Brieuc Bay. In: LAW, John (Ed.). *Power, action and belief*: a new sociology of knowledge. London: Routledge & Kegan Paul, 1986.

_____; LAW, J. After the individual in society: lessons on collectivity from science, technology and society. *Canadian Journal of Sociology/Cahiers Canadiens de Sociologie*, v. 22, n. 2, p. 165-182, 1997.

CLARKE, Julia. A new kind of symmetry: actor-network theories and the new literacy studies. *Studies in the Education of Adults*, v. 34, n. 2, p. 107-122, 2002.

FENWICK, T.; EDWARDS, R. *Actor-network theory and education*. London: Routledge, 2010.

HAMILTON, Mary. Priviledged literacies: policy, institutional process and the life of IALS. *Language and Education*, v. 15, p. 178-196, 2001.

HØSTAKER. Roar. Latour — Semiotics and Science Studies. *Science Studies*, v. 18, n. 2, p. 5-25, 2005.

KNOBEL, M.; LANKSHEAR, C. Sampling "the new" in new literacies. In _____. (Eds.). *A new literacies sampler*. New York: Peter Lang, 2007. p. 1-24.

KNORR-CETINA, K. Postsocial. In: RITZER, G. (Ed.). *Encyclopedia of social theory*. Thousand Oaks: Sage Reference, 2005. v. 2, p. 585-590.

LATOUR, B. *Reassembling the social*: an introduction to actor-network-theory. New York: Oxford University Press, 2005.

_____. *Ciência em ação*: como seguir cientistas e engenheiros sociedade afora. São Paulo: Ed. da Unesp, 2000.

LATOUR, B. On interobjectivity. *Mind, Culture, and Activity*, v. 3, n. 4, p. 228-245, 1996.

LATOUR, B. *Jamais fomos modernos*: ensaio de antropologia simétrica. Rio de Janeiro: Editora 34, 1994.

_____.Where are the missing masses? The sociology of a few mundane artifacts. In: BIJKER, W.; LAW, J. (Eds.). *Shaping technology/Building society*: studies in sociotechnical change. Cambridge: MIT Press, 1992. p. 225-258.

_____. Drawing things together. In: LYNCH, M.; WOOLGAR, S. (Eds.). *Representation in scientific practice*. Cambridge: MIT Press, 1990. p. 19-68.

_____. Visualisation and cognition: thinking with eyes and hands. *Knowledge and Society Studies in the Sociology of Culture Past and Present*, v. 6, n. 1, p. 1-40, 1986.

LAW, J. Actor Network Theory and material semiotics. Centre for Science Studies Lancaster University, 2007. Disponível em: <http://www.heterogeneities.net/publications/Law2007ANTandMaterialSemiotics.pdf>. Acesso em: 12 mar. 2010.

_____. Traduction/Trahison: notes on ANT. *Convergencia*, n. 42, p. 47-72, 2006.

_____. Objects, spaces and others. Centre for Science Studies Lancaster University. 2000. Disponível em: <http://www.comp.lancs.ac.uk/sociology/papers/Law-Objects-Spaces-Others.pdf>. Acesso em: 12 fev. 2009.

_____. Notes on the Theory of the Actor-Network: ordering, strategy, and heterogeneity. *Systems Practice*, v. 5, n. 4, p. 379-393, 1992.

LEANDER, Kevin; LOVVORN, Jason. Literacy networks: following the circulation of texts, bodies, and objects in the schooling and on-line gaming of one youth. *Cognition and Instruction*, v. 3, n. 24, p. 291-340, 2006.

LYNCH, J. P. An overview of wireless structural health monitoring for civil structures. *Philosophical Transactions: Mathematical, Physical and Engineering Sciences*, n. 365, p. 345-372, 2007.

NEW LONDON GROUP. A pedagogy of multiliteracies. Designing social futures. In: COPE, B.; KALANTZIS, M. (Eds.). *Multiliteracies*: literacy learning and the design of social futures. London: Routledge, 2000.

Seção 3

Contribuições das TDICs nos processos de ações educativas

As tecnologias digitais: construindo uma escola ativista

Maria Helena Silveira Bonilla
Nelson de Luca Pretto

Temos observado um crescimento, em todo o mundo, da prática de construção de conteúdos de forma colaborativa, sendo destaque os movimentos em torno da filosofia *"open"*, integrando ações e normas aderentes às estratégias promovidas pelo movimento do acesso aberto ao conhecimento (*open access*), do *software* livre (*open* e *free source*), do acesso aberto aos dados brutos de pesquisa (*open data*) e às licenças *copyleft* e *creative commons*. A incorporação desses movimentos pelas comunidades escolares possibilita o resgate do papel da escola como líder e articuladora do diálogo livre e aberto entre culturas, saberes e linguagens, entre contexto local e não local, ou seja, possibilita, pelo menos potencialmente, a constituição de uma escola ativista. Este capítulo analisa essas possibilidades a partir do uso pleno das tecnologias digitais na escola pública, propondo o desenvolvimento de uma metodologia de um sistema de produção e disponibilização na web das produções em vídeo realizadas por professores e alunos do sistema público de educação. Esse sistema e metodologia, uma vez desenvolvidos, podem desencadear a integração das escolas numa rede de intercâmbio de produção educativa e cultural, na qual, cada escola, cada professor, cada aluno passam a atuar ativamente, constituindo-se em um nó da rede planetária de comunicação, conhecimento e cultura.

1. Rede de intercâmbio de produção educativa e cultural

Nos últimos dez anos, a produção colaborativa de conteúdos na internet ganhou força, sobretudo após a popularização e o desenvolvimento do sistema operacional GNU/Linux e de uma variedade de aplicativos de edição compatíveis com esse sistema, bem como de *sites* como Wikipédia, Digg, Overmundo. Esse tipo de *site* potencializa "as formas de publicação, compartilhamento e organização de informações, além de ampliar os espaços para a interação entre os participantes do processo" (Primo, 2007, p. 1) comunicativo, visto que esses serviços, sistemas, aplicativos e conteúdos são disponibilizados e produzidos *on-line*, colaborativamente, podendo ser acessados a partir de dispositivos como celulares, leitores digitais, *smartphones*, além dos computadores.

Denominado Web 2.0 — termo utilizado pela *O'Reilly Media* e pela *MediaLive International* numa série de conferências que tiveram início em outubro de 2004 (O'Reilly, 2005) —, esse contexto designa uma segunda fase dos serviços web, mais voltados para a produção colaborativa, a participação e a interação. Os ambientes que apresentam tais características possibilitam a produção e a publicação de conteúdos de forma cada vez mais automatizada, e a partir de interfaces mais amigáveis para os internautas, como acontece com os *blogs*, os *sites* de postagem de vídeos como o YouTube, ou de fotos como o Flickr. Caracteriza-se, assim, uma mudança do modelo de comunicação, que passa do tradicional um-para-muitos para o formato muitos-para-muitos, ou, como prefere André Lemos (2007), esses novos ambientes possibilitam a "liberação do polo-emissor", um dos princípios da cibercultura.

Desde o início, a história da internet e da constituição da cibercultura vem mostrando que o desejo das pessoas, especialmente dos jovens, não se reduz a consumir os bens imateriais produzidos por uma minoria; "as pessoas querem também produzir suas próprias notícias, seus próprios conteúdos em texto, vídeo etc." (Vianna, 2009). Tal demanda é que fomentou a emergência da Web 2.0, capitaneada, muito fortemente, por jovens *hackers* espalhados pelo mundo, os quais, de forma colaborativa, vêm desenvolvendo projetos/sistemas cada vez mais integrados e abertos para a participação e a ação de todos os interagentes, e muito em sintonia com o jeito alt+tab de ser (Pretto e Silveira, 2008) dos jovens do século XXI. Don Tapscoot resgata as diversas denominações dadas por diferentes autores a esses jovens. Ou eles são os integrantes da chamada Geração Internet ou Geração Y, nascidos entre 1977 e 1997, caracterizados pelo desejo de personalização e apropriação das coisas com as quais interagem — o conhecimento, a busca pela liberdade, o espírito colaborativo e de análise, o lúdico como base dos processos, a velocidade como marca do seu fazer e a inovação como parte integrante de suas vidas; ou são os integrantes da Geração Next, ou Geração Z, aqueles nascidos após 1997 (Tapscott, 2010). Essa turma que está chegando às escolas é mais conectada e mais integrada aos ambientes digitais, circulam livremente com seus dispositivos móveis e fazem uso das *touch screens* — para eles, teclados e *mouses* já são acessórios ultrapassados.

Nesse movimento contemporâneo que se constitui em torno das redes digitais, as instituições de ensino, em todos os níveis, não deveriam ficar à margem, atuando apenas como consumidoras de informações. A criação de bens culturais como fotografias, vídeos, programas de rádio, entre outros, abre um importante caminho para a ampliação do universo da sala de aula, estimulando alunos e professores a produzirem esses bens culturais articulados com seu contexto, fortalecendo a relação local e não local, disponibilizando-os de forma livre, aberta e sem necessidade e controle de intermediários, possibilitando, de fato, a apropriação coletiva e a remixagem desses materiais, com o estabelecimento de um diálogo entre culturas, saberes e linguagens.

Ao longo dos anos, a produção dos bens culturais que adentravam as escolas (os chamados materiais didáticos) viveu o dilema da universalização *versus* regionalização. De um lado, pensou-se que o importante seria a produção desses materiais por especialistas, de forma centralizada, para serem distribuídos às escolas e, principalmente, aos professores, que teriam à mão documentos "cientificamente" elaborados, como já analisamos em diversos outros textos, dentre os quais o que publicamos na década de 1980 (Pretto, 1985). De outro lado, pensou-se, ao longo do tempo, na possibilidade de uma produção regionalizada, a qual, desde muito, sofre profundas críticas, uma vez que corria o risco de produzir material local sem o necessário diálogo com o outro, com a ciência estabelecida, com a língua culta e com a cultura de outros povos. De fato, a principal e mais justa crítica às ideias de regionalização da produção de material educativo nas décadas de 1970 e 1980 era o enorme risco do desconhecimento do global e o consequente isolamento das comunidades e de suas culturas.

Nos dias de hoje, com a explosão dos movimentos *hacker* (Himanen, 2002) e com o desenvolvimento das tecnologias digitais, da computação, das redes distribuídas (tecnológicas e sociais), temos a possibilidade de buscar outras percepções para os processos de produção, tanto de culturas como de aparatos tecnológicos, sendo um bom exemplo a criação de sistemas operacionais para computadores a partir da filosofia livre. O sistema GNU/Linux é o exemplo mais marcante e mais visível desse movimento. Outro importante movimento mundial relaciona-se com a implantação de uma política de informação baseada na filosofia "open", integrando ações, normas de procedimento aderentes às estratégias promovidas pelo movimento de acesso aberto ao conhecimento (*open access*), pelo programa de *software* livre (*open* e *free source*), pelo acesso aberto aos dados brutos de pesquisa (*open data*), assim como às licenças *copyleft* e *creative commons*. Esses movimentos, associados ao veloz desenvolvimento das tecnologias digitais (conectadas em rede em tempo real), têm intensificado a colaboração (Web 2.0), especialmente no que diz respeito à construção de conteúdos. Além disso, vêm possibilitando experiências como o Projeto de Conhecimento Público (Public Knowledge Project), que desenvolveu um sistema livre e aberto para administrar publicações e indexações de revistas acadêmicas (Open Journal Systems — OJS), que favorece a publicação livre e sem restrições de uso da produção científica mundial, de forma que, cada vez mais, os resultados das pesquisas, notadamente as financiadas com recursos públicos, possam ser oferecidos sem custos à sociedade que, em última instância, já pagou por eles.

Associado a esses movimentos, começa a surgir outro, que passou a ser denominado Recursos Educacionais Abertos (REA ou Open Educational Resources — OER), termo cunhado pela Unesco em 2002, e que tem como princípio a disponibilização de recursos educacionais *on-line* para que os internautas, notadamente professores e estudantes, possam usá-los, remixá-los, reconfigurá-los. Assim, criam-se novos produtos que também ficarão disponíveis para a comunidade, e cujo processo de produção vem provocando movimentos no currículo das escolas, nos processos de formação dos professores, na organização dos cotidianos escolares e nas próprias concepções de ensino e de aprendizagem. Esse movimento tem demandado a inserção de professores e alunos na cultura digital, e diferentes projetos em todo o mundo têm sido implantados com o objetivo de gerar transformação no modo de apropriação das tecnologias da informação e comunicação (TIC) na educação.

Também nós, do grupo de pesquisa Educação, Comunicação e Tecnologias (GEC), da Universidade Federal da Bahia, participamos desse movimento com o desenvolvimento de vários projetos, seja no âmbito da pesquisa, seja no da extensão, destacando-se dentre eles o projeto "Produção colaborativa e descentralizada de imagens e sons para a educação básica: criação e implantação do Rede de Intercâmbio de Produção Educativa (RIPE)", desenvolvido de outubro de 2008 a março de 2010. Nessa rede, buscamos possibilitar a ampliação das oportunidades de expressão dos valores das comunidades, criando condições para o exercício da cidadania a partir da mobilização de alunos e professores nas escolas públicas do estado da Bahia. Para tanto, desenvolvemos um sistema de circulação multimídia e uma dinâmica de produção e veiculação de produtos audiovisuais disponíveis para os processos de ensino e aprendizagem das escolas públicas, com uso exclusivo de *software* livre, com base em princípios colaborativos de liberdade e descentralização da produção. Nosso intuito foi criar condições para a implantação de uma rede de intercâmbio de produção cultural e científica que pudesse ser utilizada em processos formativos de crianças, jovens e adultos.

Ao longo da pesquisa, percebemos que a criação e o desenvolvimento de uma rede de intercâmbio de produção educativa implicam a disponibilização de uma plataforma que gerencie, de modo descentralizado, os produtos criados pelas escolas. Esse investimento foi feito e disponibilizamos uma solução tecnológica, cuja estrutura é composta de um servidor que armazena e distribui os vídeos digitalizados e enviados por computadores conectados à internet através de uma conexão de banda larga comum. As escolas, ou qualquer outro computador ligado à internet, podem "levantar" ou fazer *upload* dos vídeos para o servidor, os quais são registrados em alguma licença Creative Commons e ficam disponíveis para a comunidade.

Nesse processo, uma das etapas que consideramos de fundamental importância diz respeito à classificação do material que está sendo postado. Concordando com David Weinberger (2007), buscamos pensar nas três ordens de classificação que o autor resgata. A classificação de primeira ordem é aquela que está nas coisas, ou seja, é cada coisa em seu lugar predefinido, como fotos em álbuns, livros nas prateleiras e assim por diante. A segunda ordem de classificação é passar a usar um código que se relaciona com o objeto propriamente dito: por exemplo, uma ficha catalográfica que indica onde está o objeto guardado em função da sua classificação em primeira ordem. De acordo com David Weinbergers (2007, p. 19), "os problemas dessas duas primeiras orde é que elas organizam átomos". Agora temos *bits*, e as informações são *bits*. Temos, portanto, uma terceira ordem de classificação dos objetos e, principalmente, das informações, pois aqueles podem ser digitalizados e transformados em *bits*. Weinberger (2007, p. 92) conclui que essa terceira ordem de classificação "pega o território subjugado pela classificação e o libera. Em vez de forçá-lo em categorias, ele o *tag*". As *tags* passam a ser a nova forma de categorizar e classificar as informações, tendo elas sido fortemente divulgadas a partir do intenso uso feito pelo *site* de marcação de favoritos (*bookmarks*) *on-line* Delicious.com. Passamos a adotar no RIPE esse mesmo tipo de classificação, compreendendo que o grande desafio que se coloca para um projeto como esse está em justamente recuperar a informação. Assim, o interagente pode escolher o que quer assistir a partir da busca por *tags*, de acordo com suas prioridades, gostos e desejos, a partir de sua própria navegação. Possibilita-se com isso o assistir ou baixar um único vídeo ou montar um fluxo de programação não linear, oferecendo a cada interagente a possibilidade de criar sua própria programação, baixando os vídeos, fazendo edições, compilações, colaborações, exibindo-os em suas escolas ou enviando outros vídeos ao sistema.

Ao longo do processo, buscamos a formação de uma rede descentralizada para composição de um fluxo de programação com produtos audiovisuais culturais, cuja prioridade era e é a criação e compartilhamento de ideias e estéticas que contribuam para a construção de "outras educações" (Pretto e Bonilla, 2008), e a emergência de uma escola capaz de gerar respostas criativas e transformadoras para as questões que se apresentam em seu contexto. Permite-se, com isso, às instituições, recriarem e construírem seus próprios ambientes físico, social e pedagógico, ao mesmo tempo que se articulam com o contexto mais amplo. Ou seja, foram criadas as condições para a emergência de uma escola ativista, uma escola que analisa, avalia, se posiciona, reivindica, aponta caminhos e demandas de políticas públicas que atendam aos problemas da educação brasileira, ou seja, uma escola que atue no âmbito pedagógico, mas também na dimensão política das questões referentes à educação ou nela imbricadas.

2. Escola ativista

A palavra rede ganhou enorme destaque nos últimos tempos. Todos falam de redes, às vezes mesmo sem uma clara noção do que se está a mencionar. Fomos acostumados a pensar na rede como sendo aquela ligada aos tradicionais meios de comunicação — que já foram chamados de meios de comunicação de massa, especialmente com a televisão. Falamos dessas redes, com suas emissoras cabeças de rede e afiliadas, e esse terminou sendo o modelo que ocupou nosso imaginário. Ou seja, uma rede onde poucos produzem, estão localizados nos grandes centros, e toda a sociedade consome tais produtos, informações e cultura. Seguramente, esse não é um modelo de rede que nos agrada e, por isso, precisamos dirigir nosso olhar para outras possibilidades. Nesse aspecto, o desenvolvimento tecnológico tem ajudado muito e está a demandar outro olhar sobre ele.

As redes contemporâneas que se organizam a partir das tecnologias da informação e comunicação formam, segundo Castells (1999), um novo sistema de comunicação que está promovendo a integração da produção e distribuição de palavras, sons e imagens de nossa cultura, assim como personalizando-a de acordo com os gostos e características dos indivíduos. São essas tecnologias que permitem a implementação material das redes em todos os tipos de processos e organizações, adaptando-se à crescente complexidade de interação e aos modelos imprevisíveis do desenvolvimento derivado do poder criativo dessa interação. Dessa forma, as redes horizontais, ou rizomáticas (Deleuze e Guattari, 1995), constituem a nova morfologia das sociedades, e a difusão da lógica de redes modifica de forma substancial a operação e os resultados dos processos produtivos e de experiência, poder e cultura.

> Na etapa atual das forças produtivas, as redes tecem as sociedades e modulam as culturas, rearticulam a política e terceirizam as economias. Tudo se equaciona nas redes, desde nossas ações cotidianas no espaço doméstico até as grandes decisões políticas na esfera do Estado, desde

o telex e o fax até as avançadas estações *multimedia* que operam em três dimensões, desde o *laptop* no automóvel até o telefone celular no navio, desde as transmissões de rádio locais até as transmissões via satélite. Não por outros motivos, as redes estão na origem de uma nova situação cultural. Elas sinalizam a obliteração e o possível desaparecimento de estruturas, sistemas, processos e ações, ou a readaptação deles ao novo cenário eletrônico e informático da sociedade, com a consequente redefinição de seu papel e de seu funcionamento. (Trivinho, 1998, p. 24)

Não estamos mais dependentes da mídia de massa, ou da indústria cultural; com as redes digitais, temos a possibilidade efetiva de usufruirmos de um canal emissor, no qual podemos nos posicionar como propositores, idealizadores, criadores, com voz e vez. Trazer essas potencialidades para a educação significa transformarmos a escola num espaço de criação e socialização do conhecimento que ali é produzido, bem como da cultura vivida por essas comunidades. E mais. A produção de cada comunidade escolar pode ser realizada nas mais diferentes linguagens, já que as tecnologias digitais possibilitam trabalhar com qualquer uma delas.

Historicamente, a produção da escola não tem visibilidade, porque, de uma maneira geral, essa produção é realizada a partir de demandas artificiais, como meros exercícios para "fixação" de determinados conteúdos, circunscritas quase exclusivamente ao seu contexto interno. Exceção deve se fazer quando da realização de feiras de ciências, concursos literários ou musicais, olimpíadas ou atividades similares e, agora, à produção de *blogs* na internet. Com estes, e com os demais ambientes de produção e socialização em rede, temos as condições para ultrapassar suas paredes, aproximando o mundo de dentro da escola do contexto social mais amplo.

O desafio posto à educação, e à formação de professores em particular, está, neste momento, pautado na abertura para a liberdade de experimentar e para as diversas possibilidades propiciadas pelas redes, tecnológicas ou não, compartilhando coletivamente as descobertas e aprendizados, de forma a romper a barreira da individualidade e do isolamento e, com isso, instituir uma organização colaborativa que favoreça a multiplicação de ideias, dos conhecimentos e das culturas. Para tanto, é de fundamental importância, na escola, a organização de comunidades de aprendizagem, de ambientes colaborativos, nos quais a aprendizagem seja orientada para as relações todos-todos, local-local, local-global, ou seja, de modo a propiciar que o intercâmbio entre essas produções potencialize cada um e todos, e que, de forma recursiva, cada um e todos potencializem o intercâmbio de produções e ações socialmente relevantes.

Também é de fundamental importância a análise dos modelos de produção e a partilha do conhecimento que, de certa forma, foram pondo em xeque as atuais leis do *copyright* e da propriedade privada do conhecimento, estimulando governos a produzirem legislações que buscam cercear o livre trânsito de informações e, com isso, dificultando a criação e a produção colaborativa. Para a educação, o conhecimento necessita estar aberto, acessível a quem dele quiser fazer uso, o que requer que a infraestrutura básica — camadas física (a rede), lógica (os *softwares*) e de conteúdo — em todas as fases dessa produção, seja aberta, livre e democrática (Benkler, 2007).

Portanto, conhecer, analisar e utilizar as licenças de autor que possibilitam a partilha do conhecimento — *creative commons, copyleft*, entre outras — é fundamental nos contextos da Web 2.0. Afinal, são elas que possibilitam às pessoas, aos professores, aos alunos, a apropriação do conhecimento socialmente produzido, de forma a fazer desse conhecimento um mote para novas significações, para novas produções — de conteúdos, conhecimentos e culturas. Não basta produzir e socializar em rede, se essa produção estiver protegida e não puder ser utilizada, remixada, reconfigurada em outros contextos, efetivamente compartilhada com a sociedade — nesse caso, o intercâmbio não se efetiva. Propomos, nesta perspectiva, a implantação de um **círculo virtuoso de produção de culturas e conhecimentos**, a partir do intenso diálogo entre os saberes e o conhecimento instituído.

Para compreender melhor esses desafios, desenvolvemos o projeto RIPE, descrito anteriormente. Nesse projeto, uma importante dimensão da pesquisa tornou-se determinante para que, de fato, as escolas possam se apropriar das tecnologias digitais e assumam uma postura ativista de produtoras de conhecimentos e culturas: a infraestrutura tecnológica e, particularmente, a conectividade.

Percebeu-se como urgente uma adequada conexão à internet das escolas; uma conexão que possa suportar a circulação desses bens culturais, especialmente dos vídeos produzidos, e a comunicação entre os integrantes das comunidades educativas. Essa é e continuará a ser uma grande dificuldade para todos os projetos de inserção das tecnologias nas escolas, uma vez que as políticas públicas de banda larga no Brasil, e em especial no atendimento às escolas, são inexistentes ou frágeis (banda nominal de 1 ou 2 megabits por segundo, banda esta que efetivamente nunca é oferecida integralmente pela prestadora do serviço!). A conexão não foi tomada ainda como direito básico de cada cidadão, e as políticas públicas para tal não levam em consideração as demandas das escolas por produção, interação e inserção nos ambientes virtuais de aprendizagem, e sua implementação encontra-se, prioritariamente, sob a responsabilidade do mercado de telecomunicações.

De acordo com o documento base do Programa Nacional de Banda Larga (PNBL),

> o acesso em banda larga é caracterizado pela disponibilização de infraestrutura de telecomunicações que possibilite tráfego de informações contínuo, ininterrupto e com capacidade suficiente para as aplicações de dados, voz e vídeo mais comuns ou socialmente relevantes. (Brasil, 2010, p. 18)

Acontece que as escolas públicas brasileiras estão muito longe de poderem contar com essa infraestrutura, tanto no que diz respeito à universalização do serviço, quanto à qualidade do acesso. De acordo com o Censo Escolar 2010 (Inep, 2010), apenas 39% das escolas de ensino fundamental, anos iniciais, possuem acesso à internet. Esse número deve-se ao fato de 92% das 83 mil escolas rurais do país não possuírem acesso à internet (Senar, 2010). A conectividade está mais presente nas escolas que atendem aos anos finais do ensino fundamental (70% com conexão) e nas escolas de ensino médio (94,3% das escolas com conexão) (Inep, 2010), em virtude de se concentrarem mais em áreas urbanas atendidas pelo Programa Banda Larga nas Escolas. No entanto, apesar de ampla divulgação de que o Banda Larga nas Escolas já atendeu a mais de 90% das escolas urbanas, precisamos estar atentos ao fato de que esse índice toma como base o acordo firmado entre o governo e as empresas de telecomunicações, que previa o atendimento de 60 mil escolas urbanas. No entanto, o número de escolas urbanas no país é muito maior. Ao todo, são 194.939 escolas no país (Inep, 2010); destas, 83 mil são rurais, e em torno de 37 mil são privadas (Fenep, 2006), o que resulta em um número de aproximadamente 75 mil estabelecimentos de ensino público situados na zona urbana. Portanto, entre os dados oficiais — 55 mil escolas urbanas conectadas — e o número total de escolas urbanas, temos a inexistência de conexão em, aproximadamente, 20 mil escolas urbanas e em 76 mil escolas rurais no país.

No que diz respeito à qualidade do serviço oferecido, especialmente com a chegada dos *laptops* do Programa Um Computador por Aluno (UCA) e dos *tablets*, a banda disponibilizada para as escolas é insuficiente para as demandas dos programas. Em função da quantidade de máquinas que precisam se conectar concomitantemente, essa conexão não pode ser caracterizada como de banda larga. Num contexto de tecnologias móveis, com centenas de computadores conectados e com a banda de fato oferecida, é impossível termos tráfego de informações contínuo e ininterrupto, com fluxo de dados, voz, imagem, como o demandado pela meninada, ao futucar, interagir, comunicar, produzir e remixar de forma descentralizada.

No caso específico das escolas que receberam os computadores portáteis do projeto UCA, somos responsáveis pela formação dos professores de dez escolas no estado da Bahia e, ao acompanhar a implantação do projeto no estado, o que constatamos é a inexistência de conexão em duas escolas e uma precaríssima velocidade nas outras oito. Não existe, pelo depoimento dos professores entrevistados por nós durante o processo de formação, a menor condição de trabalho em rede com os computadores portáteis quando mais de uma turma liga os aparelhos simultaneamente.

Esse tem sido um fator que tem dificultado a experimentação livre, a proposição de ações inovadoras, a ação ativista das escolas, a quebra dos modelos instituídos, embora não as inviabilize. Muitas práticas pedagógicas envolvendo produção de imagem, vídeo e som estão em andamento e têm-se mostrado bastante promissoras. Merecem destaque as ações de inúmeros professores que, mesmo em condições bastante adversas, conseguem produzir, interferir, estimular seus estudantes a assumirem uma posição não passiva diante dos processos de aprendizagem.

O projeto RIPE permitiu ainda a percepção de que a criação e o desenvolvimento de uma rede de intercâmbio de produção educativa e cultural implica qualificar o grupo de professores e alunos para que produzam conteúdo sobre suas realidades, nas mais diferentes linguagens, interagindo e transformando o currículo escolar de forma a poder multiplicar esse processo de produção e conhecimentos para toda a comunidade escolar. Qualificar o grupo para a produção de linguagens audiovisuais não significa reproduzir os padrões televisivos a que todos estão acostumados, e sim criar modos próprios de interação com as tecnologias digitais, criar conteúdos com estéticas singulares de cada região, de cada indivíduo. Significa, também, qualificar o grupo de professores e alunos para implementar uma prática de comunicação comunitária. Uma prática que envolva a divulgação e a produção cultural das atividades escolares e da comunidade, além de acrescentar mais um aliado ao processo educativo, desenvolvendo a capacidade de escrita e oralidade através de atividades lúdicas, assim como uma visão crítica, uma postura criativa e com expressividade, contribuindo para a formação de uma consciência cidadã.

Dessa forma, compreendemos ser urgente a qualificação de professores e alunos para que compreendam as potencialidades dessas linguagens e o uso, de forma colaborativa, das tecnologias da informação e da comunicação nos processos educacionais. Formar esses professores para as práticas colaborativas e para a produção de culturas e conhecimentos nas escolas implica um processo permanente e contínuo de formação-reflexão-prática, envolvendo conteúdos de educação e cibercultura, associados a práticas produtivas audiovisuais.

3. As potencialidades da produção descentralizada e colaborativa

A partir da produção colaborativa e cooperativa de materiais que articulem diversas mídias e linguagens, busca-se ampliar a capacidade de circulação, via web, de imagens e sons produzidos fora dos grandes centros. Obviamente que a dinâmica dessas produções dependerá do protagonismo de professores e alunos para construir novas possibilidades para os sistemas educacionais, articulando os conhecimentos e saberes emergentes das populações locais com o conhecimento já estabelecido pela ciência contemporânea e pelas culturas. Por outro lado, essa dinâmica também poderá induzir políticas públicas de formação de professores para o uso das tecnologias digitais, uma vez que estas requerem a existência de docentes qualificados para a sua incorporação nos sistemas educacionais.

O que se propõe com os processos colaborativos em rede é que um professor não se preocupe só em produzir um vídeo (animação ou simulação) completo, com início, meio e fim. Trabalhando com a filosofia *hacker* (Himanen, 2002) — aquela que tem como base o compartilhamento para a busca das melhores soluções, sempre no coletivo! —, podem-se realizar filmagens de pequenos trechos de vídeos a partir de entrevistas, gravações de depoimentos ou imagens da sua região. Esse material, disponibilizado na rede, abre espaço para que outros, em outros lugares, contextos e tempos, possam utilizar esses trechos — no todo ou em parte — para produzir outro trecho ou mesmo outro vídeo completo, usando o princípio da produção por pares e da remixagem (já em pleno uso pelos DJs e VJs que se apropriam criativamente de músicas para produzir novas músicas). Assim, uma produção feita na Bahia pode ser utilizada por uma escola em Manaus, que juntas vão ser usadas por professores de escolas em Passo Fundo, no Rio Grande do Sul. Um grupo de professores em Cuiabá pode baixar e selecionar somente um pedaço de um vídeo (animação ou simulação) que tenha sido postado pelos professores da Universidade do Acre, por exemplo, e, com isso, produzir mais material para as suas aulas. Instala-se, assim, o já mencionado **círculo virtuoso de produção em rede**, muito próximo do que também já é feito pelo movimento Tecnobrega dos músicos e compositores do Pará (Lemos e Castro, 2008), que remixam e deixam circular tudo, via rede. O que importa aqui é a possibilidade de uma intensa circulação desses bens culturais e científicos. Mas um alerta importante e necessário se faz: não pensamos em bens culturais endógenos, apenas ligados e voltados para a cultura local. Eles necessitam de um forte vínculo com a cultura local, obviamente, pois esse é o nosso objetivo ao atuar mais próximo da escola, e eles serão cada vez mais locais, quanto mais interagirem com o planetário. Como já mencionamos, não caímos na armadilha do regionalismo fechado que a rede favorece, ao mesmo tempo em que nos traz um grande desafio: como trabalhar com esse universo de informações? Partimos do pressuposto de que um professor qualificado não teme o que vem sendo conhecido como o "mar" de informações da internet. Ao contrário, dialoga com ele e, nesse processo de diálogo, produz mais conhecimento.

O princípio fundamental que resgatamos aqui é o de que o acesso ao conhecimento é um direito de todos os cidadãos. Aqui, o acesso tem que ser entendido de forma mais ampla, não só na perspectiva de consumir um conhecimento produzido externamente — normalmente uma produção fechada e elitista —, mas também como um estímulo à produção de culturas e conhecimentos, ambos pensados no seu plural pleno. Dessa forma, buscamos o fortalecimento da cidadania planetária, com fronteiras e bordas cada vez mais diluídas, possibilitando que as interações entre pessoas e culturas se deem de forma intensa, hoje favorecida pela presença marcante das tecnologias digitais, especialmente as de informação e comunicação.

Com isso, pensamos na necessidade de um fortalecimento e enaltecimento das diferenças, e não em continuar a pensar a Ciência, a Tecnologia, a Cultura e a Educação numa perspectiva de distribuição do conhecimento hegemônico, na busca da superação das diferenças, diferenças essas que são fruto das diversas formas de perceber o ambiente e o conhecimento e de com eles se relacionar.

Pensamos, portanto, que essa produção, como já dissemos, utilizando-se de diversos suportes como vídeos, fotografias, sons, textos, pré-textos e muito mais — cada um individualmente, ou nos coletivos, a partir de suas próprias experiências e vivências —, precisa estar conectada num diálogo profundo e intenso com o saber estabelecido, com os avanços das ciências, com o conhecimento das tecnologias desenvolvidas, com as culturas, com os clássicos da literatura universal e nacional e com a chamada língua culta. Não se trata de isolamento, ao contrário: é ampliação, é construir novas tramas, novos nós, de forma intensa e permanente. Fortalecer as comunidades e suas culturas a partir do uso pleno das tecnologias digitais. Mas isso de maneira ampla e aberta, porque, como afirma Marc Augé (1998), uma cultura que não se mistura morre.

> Uma cultura que se reproduz de maneira idêntica (uma cultura de reserva ou de gueto) é um câncer sociológico, uma condenação à morte, assim como uma língua que não se fala mais, que não inventa mais, que não se deixa contaminar por outras línguas, é uma língua morta. Portanto, há sempre um certo perigo em querer defender ou proteger as culturas e uma certa ilusão em querer buscar sua pureza perdida. Elas só viveram por serem capazes de se transformar. (Augé, 1998, p. 24-25)

Foi, portanto, a partir das formações realizadas no âmbito do RIPE, que acreditamos que os envolvidos puderam aprimorar seus conhecimentos sobre a criação de produtos audiovisuais, manipulação de imagens e áudios, resgatando e valorizando aspectos da cultural local e, com isso, contribuindo com os processos de ensino e de aprendizagem, e de posicionamento político e cidadão. É nessa trama de saberes que novos conhecimentos vão sendo produzidos, numa perspectiva formativa. Esta foi — e ainda é — a base do projeto RIPE: uma pequena contribuição para os desafios que se colocam, para que possamos desencadear as grandes e necessárias transformações que a educação vem requerendo e que passam pela constituição de uma escola ativista.

Referências

AUGÉ, Marc. *A guerra dos sonhos*: exercícios de etnoficção. Tradução de Maria Lúcia Pereira. Campinas: Papirus, 1998.

BENKLER, Yochai. A economia política dos commons. In: SILVEIRA, Sérgio Amadeu da et al. *Comunicação digital e a construção dos commons*. São Paulo: Ed. da Fundação Perseu Abramo, 2007. p. 11-20.

BRASIL. Comitê Gestor do Programa de Inclusão Digital. Programa Nacional de Banda Larga. *Brasil conectado*. Brasília, 2010. Disponível em: <http://www4.planalto.gov.br/brasilconectado/forum-brasil-conectado/documentos/3o- fbc/documento-base-do-programa-nacional-de-banda-larga>. Acesso em: 11 jan. 2011.

CASTELLS, Manuel. *A era da informação*: economia, sociedade e cultura. Tradução de Roneide Majer. São Paulo: Paz e Terra, 1999. (A sociedade em rede, v. 1.)

DELEUZE, Gilles; GUATTARI, Félix. *Mil platôs*: capitalismo e esquizofrenia. Tradução de Aurélio Guerra Neto et al. São Paulo: Editora 34, 1995. v. 1.

FEDERAÇÃO NACIONAL DAS ESCOLAS PARTICULARES (FENEP). Números do ensino privado. Relatório final do convênio entre a Federação Nacional das Escolas Particulares e a Fundação Getulio Vargas. Rio de Janeiro: Fundação Getúlio Vargas, fev. 2006. Disponível em: <http://www.fenep.org.br/pesquisafgv/relatorioBrasil.pdf>. Acesso em: 6 mar. 2012.

HIMANEN, Pekka et al. *La ética del hacker y el espíritu de la era de la información*. Tradução de Ferran Meler Ortí. Barcelona: Ediciones Destino, 2002.

INSTITUTO NACIONAL DE ESTUDOS E PESQUISA (INEP). Censo Escolar 2010 — Resumo técnico. Brasília: Inep, 2010. Disponível em: <http://portal.

mec.gov.br/index.php?option=com_docman&task=doc_download&gid=7277&Itemid=>. Acesso em: 6 mar. 2012.

LEMOS, André (Org.). *Cidade digital*. Salvador: EDUFBA, 2007.

LEMOS, Ronaldo; CASTRO, Oona. *Tecnobrega*: o Pará reinventando o negócio da música. Rio de Janeiro: Aeroplano, 2008.

O'REILLY, Tim. *What is Web 2.0*: Design Patterns and business models for the next generation of software, 2005. Disponível em: <http://oreilly.com/web2/archive/what-is-web-20.html>. Acesso em: 3 dez. 2010.

PRETTO, Nelson De Luca. *A ciência nos livros didáticos*. Salvador: EDUFBA/Campinas: Ed. da Unicamp, 1985.

_____; BONILLA, M. H. S. Construindo redes colaborativas para a educação. *Revista Fonte*, Prodemge, Belo Horizonte, 2008.

_____; SILVEIRA, Sérgio Amadeu da. *Além das redes de colaboração*: internet, diversidade cultural e tecnologias do poder. Salvador: EDUFBA, 2008.

PRIMO, Alex. O aspecto relacional das interações na Web 2.0. *E-Compós*, Brasília, v. 9, p. 1-21, 2007.

_____. *Interação mediada por computador*: comunicação, cibercultura, cognição. 2. ed. Porto Alegre: Sulina, 2008.

SENAR. Projeto Escolas Rurais, 2010. Disponível em: <http://www.canaldoprodutor.com.br/sites/default/files/Escolas_Rurais_no_Brasil_2010_1.pdf>. Acesso em: 6 mar. 2012.

TAPSCOTT, Don. *A hora da geração digital*: como os jovens que cresceram usando a internet estão mudando tudo, das empresas aos governos. Tradução de Marcelo Lino. Rio de Janeiro: Agir Negócios, 2010.

TRIVINHO, Eugênio Rondini. Redes, ciberespaço e sociedades. In: MARCONDES FILHO, Ciro et al. *Vivências eletrônicas*: sonhadores e excluídos. São Paulo: Edições NTC, 1998. p. 23-46.

VIANNA, Hermano. Um overmundo de alegria. *O Dilúvio*, entrevista a Carlos Hentges e Guilherme Carlin, 25 mar. 2009. Disponível em: <http://odiluvio.blogspot.com.br/2008/03/hermano-vianna-exclusivo.html>. Acesso em: 4 abr. 2012.

WEINBERGER, David. *Everything is miscellaneous*: the power of the new digital disorder. New York: Macmillan, 2007.

Novos letramentos no ensino plurilíngue de inglês na universidade:
mediando possibilidades de práticas participatórias

Cláudia Hilsdorf Rocha

... Perhaps a new, uncommon sense is needed.
Richard J. F. Day

As intensas transformações sociais que hoje vivenciamos, decorrentes do advento das novas tecnologias e dos complexos processos de globalização, têm sido, nas últimas décadas, bastante enfatizadas e problematizadas nos mais variados campos da pesquisa aplicada, tanto no Brasil como no exterior. Da mesma forma, tem sido crescente o interesse em investigar, entre tantos outros aspectos de suma importância para a educação linguística, as possíveis interfaces entre as novas tecnologias de informação e comunicação e práticas educativas, bem como seus impactos rumo à materialização de novas epistemologias no ensino de línguas. O foco das reflexões aqui tecidas volta-se para as bases teóricas do ensino de inglês para fins específicos ou para fins acadêmicos, uma vez que estas orientam as práticas pedagógicas instauradas nas disciplinas de língua inglesa que integram o Programa de Formação Interdisciplinar Superior, voltado a alunos egressos do Ensino Médio de Campinas e implantado pela Universidade Estadual de Campinas a partir de 2011.

Neste trabalho, conduzo reflexões em uma perspectiva que vincula língua/linguagem, cultura, sociedade e poder, buscando discutir a relação entre a natureza discursiva e situada da linguagem e o caráter transgressor atribuído às relações mediadas pelas novas tecnologias. Nesse processo, a fim de buscar amparo para a materialização de práticas potencialmente carnavalizadoras, que visem à subversão da ordem social opressora que fundamenta as diversas atividades em que nos engajamos, junto-me a Benesch (2011) e parto da premissa de que também a visão da língua inglesa no campo universitário deva ser ressignificada e vinculada a pedagogias críticas, para que esse ensino possa romper com filosofias neoliberais e visões reducionistas de linguagem, tradicionalmente orientadas pela segmentação de habilidades linguísticas, conforme adverte Rahman (2008). Dentro do aporte teórico privilegiado neste capítulo, a perspectiva pedagógica dos multiletramentos (Kalantzis e Cope, 2012) ou dos novos letramentos (Baker, 2010) é atrelada à visão enunciativa da linguagem (Bakhtin, 1929 [2004]) e ao conceito de gêneros discursivos (Bakhtin, 1979 [2003]), sendo estes vistos como potentes recursos para a organização curricular no contexto educativo em questão.

Assim, procuro neste capítulo primeiramente resgatar as principais características e facetas teóricas de um ensino crítico de língua inglesa sob um enfoque plurilíngue (Rocha, 2012) e transgressor, que se volta, principalmente, ao desenvolvimento do letramento crítico por meio dessa língua. Compreendido como um processo ativo e situado de leitura do mundo (Menezes de Souza, 2011), a centralidade desse conceito se justifica pela reconhecida necessidade de que também no âmbito da educação superior pública viabilizemos um processo educacional de bases democráticas e transformadoras (Unterhalter e Carpentier, 2010). Nessa direção, problematizo o papel das mídias, articulando-as à educação linguística, e sigo tratando de questões ligadas às noções de transculturalidade e de regenerificação (English, 2011), em prol de um ensino de línguas orientado para a consciência democrática (Abdi e Carr, 2013) e, portanto, para a participação social.

1. As novas mídias e a educação para a conscientização democrática

Ao problematizarmos sociedade e educação, distanciamo-nos de um paradigma marcadamente positivista, que impõe práticas pedagógicas orientadas a partir da rígida hierarquização das relações humanas e da compartimentalização do conhecimento, bem como pelas noções de unicidade, homogeinização e disciplina. Em vista disso, passamos inevitavelmente a trazer para o escopo desta reflexão questões de linguagem, cultura e poder, em espaços em que a ordem social predominante é aquela marcada pelos complexos processos de hibridismo e fundada em desigualdades opressoras. Diante dessa realidade, destaca-se, entre outras, a ideia de que se eduque para a pluralidade, para a diversidade e para a ética, formando cidadãos críticos e atuantes. No entanto, bem sabemos que essas palavras e ideais podem evocar sentidos, valores e posicionamentos discursivos distintos, muitos dos quais, contraditoriamente, servem a forças autoritárias e opressoras, uma vez que os sentidos não são fixos, as verdades não são absolutas e tampouco é a realidade única, predeterminada, completa e constituída dentro de padrões dualistas, como insiste o pensamento cientificista. Junto a Barros (2000), entendo que outros paradigmas na educação e, consequentemente, no ensino de línguas estrangeiras ou adicionais em sua ampla interface com a tecnologia serão somente tangíveis na medida em que passemos a depreender a educação e as práticas pedagógicas "como mecanismos de poder, ou seja, fábricas de subjetividade, máquinas de fazer falar, pensar e sentir" (Barros, 2000, p. 33).

Procuro, portanto, pensar o ensino de língua inglesa em contexto acadêmico-universitário, foco deste trabalho, necessariamente como um processo pelo qual prioritariamente se constroem e reconstroem discursos, além de letramentos. Ao buscarmos romper com perspectivas generalizantes, monolíticas e essencialistas, percebemos que, muito mais que meros recursos, as novas tecnologias, impregnadas ideologicamente, continuamente reorganizam contextos de comunicação, redefinindo espaços e modos de participação social. Elas refletem e refratam o mundo, uma vez que veiculam propósitos e valores em determinada sociedade, ao mesmo tempo em que podem também mediar sua modificação. Elas são, pois, processos e produtos sociais, carregados cultural e ideologicamente. Nesse sentido, o fenômeno midiático é profundamente complexo, tenso, controverso e, na sociedade contemporânea, juntamente com outros sistemas simbólicos, as mídias assumem um papel central em nossa constituição como "sujeitos, indivíduos e cidadãos, com personalidade, vontade e subjetividades distintas" (Setton, 2010, p. 13). Entender as novas mídias como agentes da socialização e (re)produtoras de cultura implica pressupor que elas, a partir de condições de produção específicas, mobilizam sentidos e valores que orientam as relações entre grupos em determinada sociedade, ao mesmo tempo em que travam uma relação de complementaridade e de ruptura com outras instâncias socializadoras, permitindo a coexistência e a reprodução de discursos e práticas comuns, mas também divergentes.

Ao olharmos essas teorizações sob a ótica bakhtiniana, podemos afirmar que a socialização e a enunciação não se separam. Viver é um ato contínuo e dialógico de contraposição ao outro e enunciar é um ato concreto de posicionamento valorativo. Segundo pressupostos da teoria da enunciação, o signo é social e, portanto, saturado axiologicamente (leia-se ideologicamente), sendo a heteroglossia ou plurivocalidade a condição de funcionamento dos signos nas diversas formas de organização social. É preciso, pois, situar o enunciado, unidades mínimas de sentido, na interação verbal, ou seja, em um processo dinâmico e conflituoso de diálogo com outros enunciados, para que se possam apreender os embates sêmicos que produzem os sentidos. Ao lado da plurivocalidade, o plurilinguismo vem orquestrar toda a heterogeneidade dessa confluência, nem sempre pacífica, de vozes, línguas e linguagens sociais, fundando-se, pois, na contraposição ao monologismo, à univocalidade e à completude.

A realidade, em uma sociedade densamente multissemiotizada, é refletida e refratada incessantemente, no entrelaçamento contínuo e conflituoso de uma multiplicidade complexa de fios ideológicos que saturam o heterogêneo e complexo composto de linguagens e de línguas sociais que circulam em uma dada sociedade. Organizadas a partir de atividades sociais que se realizam em âmbitos e esferas distintas, as relações humanas se fundam no dialogismo dessa interação que, além de plurivocal, assume também uma natureza polifônica, pela disparidade axiológica das vozes que se fazem presentes nesse meio.

Fazer hoje parte do mundo, sob essas premissas, é constituir-se como pessoa por entre um movimento incessante de complementaridade e ruptura, de forças opostamente direcionadas, uma vez que "[...] ao lado da centralização verbo-ideológica e da união, caminham ininterruptos os processos de descentralização e desunificação" (Bakhtin, 1988 [1934-1935], p. 82). Imersos nesse ininterrupto embate, seguimos reapropriando-nos de discursos alheios, submetendo-os às nossas intenções e posições, transformando-os, de modo singular. Por conseguinte, nossa constituição como sujeitos, nossas visões, valorações e maneiras de nos posicionarmos diante do mundo, das coisas e das pessoas, não são diretas, mas impregnadas, refratadas por múltiplas e, por vezes, contraditórias perspectivas. Nas bases multicêntricas da sociedade contemporânea, nossas subjetividades são, portanto, construídas em uma multiplicidade de espaços e a partir de incessantes e heterogêneos processos de socialização, de (re)construção de sentidos e de (re)orientação de discursos. É importante perceber que nesse processo as novas tecnologias e mídias digitais e/ou sociais não são estanques e tampouco autossuficientes. Além disso, como bem alerta Braga (2010), apesar de ampliarem a participação social de grupos menos favorecidos em práticas tidas como institucionalizadas ou hegemônicas, as novas tecnologias, por si sós, não promovem ou garantem relações menos assimétricas e opressoras, em uma sociedade cujo funcionamento social é rigidamente hierarquizado e pautado por uma injusta e altamente desigual divisão de poder e privilégio.

Longe de assumir concepções instrumentalistas ou de neutralidade diante da tecnologia, conforme advertem Verszto et al. (2008), reconheço seu caráter axiologicamente saturado e seu impacto desestabilizador na forma de organização das relações humanas, como argumenta Gee (2010). Entretanto, conforme bem lembra Bauman (2000), a leveza e a liquidez dos tempos pós-modernos podem assegurar que todo sólido não saia ileso, mas não pode garantir que ele se dissolva por completo. Em uma sociedade líquida, pelo impacto das novas tecnologias, e organizada a partir de desigualdades profundas em todos os quesitos e segmentos, podemos certamente afirmar que as vozes do poder, de forma centralizadora, contraditória e camaleônica, continuam sua luta pela estabilização, buscando controlar a polifonia e restringir a plurivocalidade a sentidos unívocos.

É certo que as novas tecnologias parecem hoje impor a nova ordem de uma cultura participatória (Jenkins, 2009), levando-nos de meros consumidores a produtores de informação e conhecimento. Nessa perspectiva, esse papel mais agentivo do indivíduo nas práticas letradas em que se envolve faz que nosso entendimento diante da ideia de letramento(s) deixe de focalizar formas individuais de expressão, para indicar um envolvimento em grupos ou comunidades, por meio do trabalho em rede, colaborativo, rumo a uma participação plena na sociedade através de novos letramentos emergentes na contemporaneidade. A esse respeito, entendo que devemos ter cautela para não ver esses novos letramentos como meras ferramentas que devemos dominar para conseguir atuar na sociedade de modo pleno e coerente, uma vez que essa visão instrumentalista coaduna com discursos positivistas e neoliberais. É importante, ainda, relativizarmos a ideia de plenitude e coerência, questionando quais as bases de funcionamento dessa sociedade em que iremos atuar e se queremos nos adequar a ela. O que defendo, portanto, é que a participação social ética e transformadora, quando vista pelo prisma de um funcionamento social orientado para a pluralidade e para a multicentricidade, requer um incessante exercício de mobilidade, de deslocamento em relação aos outros, a nós mesmos, a tudo o que medeia e cerca nossas relações com as pessoas e com o mundo.

Ao voltar-me para o âmbito educacional, partilho com Gee (2010) a ideia de que o foco de nossa atenção e esforços não deva recair na busca por meios de fazer com que o ensino seja mais eficiente e bem conduzido através das novas tecnologias. Em contrapartida, a questão que me parece vital é analisarmos

> [...] como as ferramentas digitais e as novas formas de mídias convergentes, de produção e de participação, bem como as poderosas formas de organização social e a complexidade na cultura popular, podem nos ensinar a maximizar a aprendizagem dentro e fora da escola e a transformar a sociedade e o mundo global também. (Gee, 2010, p. 14)

Nessa direção, junto a Setton (2010, p. 14), procuro fortalecer o elo entre as noções de educação e socialização, compreendendo esta última como "um processo educativo" que visa ao fortalecimento de espaços de confronto, que dão lugar a processos de ressignificação de valores e a discursos hegemônicos e de reapropriação crítica de saberes. Em outras palavras, defendo a educação crítica como um exercício de mobilidade, de deslocamento. Vejo-a como um contínuo processo de rupturas e de reconstrução de subjetividades. Nesse processo, vale pontuar que o conceito que prevalece é o de "subjetividade polifônica", defendido por Santaella (2010, p. 283) com base em Guatarri (1992) e Villaça (1999), de caráter multiforme, descentrado e instável, transitando transversalmente entre planos, tecendo coisas diferentes, em um processo tenso e intenso, multiforme e multicêntrico, de integração e ruptura. Nesse contexto, Setton (2010) nos mostra que as culturas, entre elas a cultura das mídias, não devem ser reduzidas a um conjunto de expressões de juízos de valor, de manifestações de ordem comportamental, de objetos, símbolos morais ou bens materiais atribuídos a uma sociedade; essas culturas devem ser vistas como processos historicamente situados que resultam, principalmente, das diferenças de sentido e de uso dos variados sistemas simbólicos, nas mais diversas atividades e práticas sociais em que se engajam os sujeitos que as produzem.

Assim sendo, não faz mais sentido que a educação linguística voltada para a participação social apresente-se desvinculada das questões de poder ou que esta desconsidere os contextos sócio-históricos de produção de culturas e discursos. Sob esse prisma, conforme alerta Setton (2010, p. 16), é necessário pensar e analisar as culturas, entre elas a midiática, como:

> Um estudo integrado das formas simbólicas — ações, objetos, moralidade, produções de linguagens da sociedade — que têm origem em processos historicamente específicos e socialmente datados; a cultura constitui-se em um universo de símbolos, são formas simbólicas produzidas, difundidas e consumidas pelos grupos.

Educar para a pluralidade e para a diversidade, nessa perspectiva, abarca processos que viabilizem espaços de confronto e movimentos discursivos orientados para a transculturalidade (Rocha, 2012), aqui vista como a tensa ressignificação de posições axiológicas e de julgamentos de valor, em termos linguísticos, culturais e identitários, que favorece a materialização de práticas sociais híbridas e menos centralizadoras. Não vejo as trocas culturais como pacíficas e tampouco como bases para reorganizações sociais que evidenciem posicionamentos discursivos completamente novos e desvinculados de sua história e contexto. Com Burke (2003), compreendo que elas sempre ocorrem em detrimento de algo e de alguém, em meio a relações de poder que entrelaçam valores e práticas hegemônicas e aquelas desvalorizadas socialmente, sem que tais aspectos sejam vistos como estanques ou autossuficientes. Como bem alerta Gee (2010), práticas orientadas por uma cultura participatória, em que os rígidos limites entre o público e o privado parecem se dissipar, devem lembrar-se de que toda e qualquer tecnologia ou mídia está revestida por certos interesses. Assim sendo, mostra-se basilar o questionamento sobre *o que* ou *quem* está sendo favorecido nesse processo, *de que forma* isso acontece e *por que* esse jogo de interesses está direcionado da maneira que está.

Nesse contexto, a noção de glocalidade, conforme definida por Robertson (1995) e revozeada por Kumaravadivelu (2006), assume um papel central, por entrelaçar o global e o local de modo dinâmico e aberto, sem enxergá-los por um prisma dualista. Nessa relação, processos de ressignificação assumem-se também como espaços de ruptura, permeados de discursos que se reconfiguram *contra* e, também, *não* hegemonicamente, confrontando a legitimidade da autoridade instaurada nas mais diversas relações humanas e minando as bases hierarquizadas da ordem social predominante (Foust, 2010). Alinhado a essas teorizações, Pennycook (2012, p. 237) defende o conceito de "deep locality", entendido como processos ativos e seletivos de (re)construção de localidade. Nesses processos, o potencial de criticidade e de agência dos sujeitos no discurso é maximizado, em favor de uma apropriação reflexiva, crítica, transformadora, de discursos e práticas globais, levando-se sempre em consideração a relatividade de ambos os conceitos global e local, e seu distanciamento de perspectivas que estabelecem a realidade a partir de noções de bipolaridade e completude. A ideia de transculturalidade emerge, pois, desses entrecruzamentos, e é importante para fundamentar as bases de uma educação voltada a modos mais híbridos, abertos e menos opressores de conviver com o que não nos parece familiar.

Educar, assim como viver, é um ato político. Por esse viés, destaca-se, entre outras, a ideia de educar para a cidadania ou para a consciência democrática (Dei, 2013). Nessa perspectiva, a noção de cidadania que prevalece distancia-se da uniformidade para evocar sentidos vinculados a movimentos transgressores de reivindicação e luta (Oliveira, 2006). Em meio à polissemia que marca o termo *democracia*, vejo-a como um ativo, complexo e conflituoso processo que se constitui historicamente na tensão entre discursos estratificadores e transgressores, movimentando-se em uma multiplicidade de direções, em busca de reconfigurações de práticas e posicionamentos, em prol de relações menos desiguais e discriminatórias, nos mais diversos segmentos da sociedade (Abdi e Carr, 2013). Chamo de plurilíngue a educação linguística pensada por esse prisma (Rocha, 2012). Ao realocar para a educação o que foi pensado para o romance, penso que, no ensino de línguas, o plurilinguismo pode fazer emergir a heterogeneidade, a polifonia, a incompletude, ao mesmo tempo em que nos encoraja a assumir visões e posições extrapostas. A formação plurilíngue compromete-se com a formação cidadã orientada para a consciência democrática, uma vez que, voltada para o desenvolvimento de uma multiplicidade de (novos) letramentos — entre eles também os letramentos em uma língua materna ou adicional —, instaura o fortalecimento de letramentos ligados ao exercício da criticidade, da agência e da mobilidade (em termos espaciais, discursivos, identitários, culturais, entre outros). Nessa direção, o letramento crítico, que compreendo como um exercício de deslocamento, de desestabilização, de interrupção (Biesta, 2007), sempre contextual e situado, revela-se tanto objetivo e objeto de ensino, quanto as lentes pelas quais enxergamos e pensamos o mundo e, portanto, também a educação.

2. O plurilinguismo no ensino de língua inglesa como participação social: uma experiência crítica de mobilidade e transgressão

A formação que denomino *plurilíngue*, à luz das teorizações bakhtinianas acerca do romance, mostra-se um fenômeno também *pluriestilístico* e *plurivocal*, sendo essas particularidades fundamentais, a meu ver, para singularizar todo o processo educativo. De forma bastante simplificada e já recontextualizada para o campo do ensino de línguas, em seus mais diversos segmentos, podemos entender o conceito de plurilinguismo como a reunião, nem sempre harmônica, de múltiplas vozes, linguagens e línguas (sociais). Esse entrelaçamento caracteriza-se, por sua vez, como necessariamente plurivocal, por abarcar diferentes vozes ou posições axiológicas, as quais são agentivamente orquestradas, materializadas de diferentes maneiras ou estilos, que muitas vezes se evidenciam sobrepostos, fundindo-se, sem que se mesclem por completo.

Muito distante de significar um conjunto de múltiplos elementos que se relacionam de modo autossuficiente, a educação plurilíngue mostra-se um compósito multiforme e multifacetado, polifônico e plural, no que diz respeito às línguas (nacional e estrangeira/adicional); às línguas ou linguagens sociais (falares de grupos distintos); às múltiplas formas e meios de (re)construção de sentido; às identidades e às culturas, inclusive as midiáticas, que permeiam as inúmeras atividades das quais participamos e que são tomadas como meios e também objetos de ensino. De modo sucinto, entendo que a formação plurilíngue tenha como propósito, entre outros, provocar rupturas e desestabilização, enquanto possibilita o desenvolvimento ou o fortalecimento de uma multiplicidade de conhecimentos, capacidades e atitudes. O ensino plurilíngue toma forma por entre práticas de letramento crítico orientadas para a democratização ou para a participação cidadã, sem a pretensão de mudar o mundo ou de *determinar* uma ordem social cada vez mais inclusiva ou justa *para todos*. Isso porque as noções de inclusão e exclusão são sempre relativas, uma vez que os processos de interpretação são abertos, dinâmicos e contextuais. Em outras palavras, o caráter crítico e situado das práticas educacionais plurilíngues acata o conflito e a contradição, ao mesmo tempo em que inviabiliza generalizações.

A participação cidadã ou democrática é, no escopo da formação plurilíngue, vista sob um viés anárquico, que toma a transgressão como forma de ruptura (Biesta, 2007) ou de resistência (Foust, 2010). Nesse contexto, movimentos transgressores rompem com funcionamentos sociais conservadores e opressores, a partir de dinâmicas outras, que já em suas bases fundantes rejeitam perspectivas reducionistas, mecanicistas e dualistas. Transformações, por esse prisma, advêm de processos e movimentos *não hegemônicos* (Foust, 2010), muitas vezes imperceptíveis, que corroem lentamente os alicerces, as fronteiras, os limites impostos pelo funcionamento social vigente, em um contínuo e tenso movimento que envolve diferentes graus e tipos de práticas transgressoras. A ideia de democracia que se funda a partir de então revela bases de natureza não hierárquica e descentralizada, distante, portanto, da ordem neoliberal.

Assim sendo, diferentemente de um processo essencialmente voltado para o empoderamento dos sujeitos, a educação para a consciência democrática funda-se no questionamento, sempre renovado, dos processos e estruturas de poder que definem modos hegemônicos de organização social, como também educacional (Dei, 2013). Esse processo educativo, orientado por perspectivas ecológicas, transformadoras e democráticas, deve ser, assim, entendido como um conflituoso, por vezes contraditório (Morin, 2011), processo de deslocamentos, em que nos vemos levados a ocupar posições outras, a olhar o mundo por outros olhares e a partir de novas posições, para que possamos, de modo menos preconceituoso, participar na sociedade, em seus mais variados âmbitos e esferas. Para que possamos romper com paradigmas, quaisquer que sejam eles, ou exercer a mobilidade, dentro ou fora de um contexto educacional, faz-se necessário o desenvolvimento do letramento crítico (Menezes de Souza, 2011). Apoiada em Pennycook (2010a, 2012), entendo a criticidade, na verdade, como uma forma de pensar o mundo, o homem, a linguagem, as relações sociais em suas variadas possibilidades de organização e materialização. Não é, consequentemente, algo que possamos *acoplar* ao ensino, mas sim uma filosofia de vida, que considera as lutas sociais e percebe tudo como sendo discursivamente orientado, atribuindo à educação o papel de mobilizar discursos, provocar rupturas e deslocamentos, possibilitar a (re)construção de subjetividades, valores, em favor de uma sociedade mais ética e democrática, menos desigual e menos opressora, a partir de uma multiplicidade de perspectivas. Criticidade não é algo que possa ser imposto, mas sim verdadeiramente vivido, com responsabilidade. Como tal, deve ser experimentada, exercitada, (re)construída em nós mesmos, nas relações que travamos. É uma luta, árdua e constante, que busca a validação de diferenças e na qual devemos aprender a nos engajar, continuamente.

Desse modo, como nos mostra Luke (2004), ser crítico requer um movimento analítico, constante e ativo de *reposicionamento(s)*, que incide em assumirmos a posição do outro, sem necessariamente funcionar no sistema exatamente como o outro. Julgo importante salientar que a validação das diferenças, na perspectiva crítica, não incide em fazer desaparecê-las. Não há um mundo sem conflitos, não há mundo *uniforme*. Validar diferenças significa, em poucas palavras, pensar o outro a partir do olhar do outro. Como Morin (2011), entendo que criticidade e complexidade dialeticamente constituem uma forma de enxergar o mundo que depreende um exercício ativo e incessante de vivência da cidadania crítica ou democrática e que, portanto, nos ampara e incita à participação social, de modo mais ético e desestabilizador. A complexidade, assim como a criticidade, mostra-nos Morin (2011), não se separa da ação, e toda e qualquer ação revela-se também um desafio. Entendo, portanto, que tanto a criticidade, quanto a complexidade, encontram-se na ousadia, na busca, e não nas respostas, usualmente prontas, fechadas, como profere o pensamento reducionista que homogeneíza, oprime, silencia.

Assim sendo, não há como entender a perspectiva plurilíngue e crítica como *algo* que possa ser acoplado ao processo, ora ou outra. Criticidade é uma posição axiologicamente assumida, que orienta, reflete e refrata tudo o que entendemos como realidade. É uma questão, então, de enxergar e de ensinar a língua inglesa sob as lentes plurilíngues da criticidade. Nessa direção, pautada pelo pensamento de Pennycook (2010a, 2010b, 2012), defendo a centralidade de fazermos do processo de ensino-aprendizagem de línguas uma experiência transgressora de mobilidade e localidade, de (re)apropriação crítica de dizeres e fazeres, dando lugar a novas questões, novos problemas, dos quais surgem, invariavelmente, o desconhecido, o inesperado.

As implicações práticas dessas teorizações, conforme bem nos mostra Keating (2007), recaem na impossibilidade de querermos controlar *tudo* ao longo do processo educativo e de estabelecermos objetos e resultados fechados como produto final. Não menos importante é compreendermos que, ao nos envolver em práticas educacionais plurilíngues, estamos sempre tomando nossas próprias convicções como objetos de crítica e reflexão, vivenciando sempre algo diferente, na medida em que nos forçamos a romper novos limites, transgredir novas fronteiras e assumir outras posições. Assim, o inesperado advém tanto da busca pela reconfiguração dos espaços transitados e dos valores atribuídos ao conhecimento focalizado, como das formas e propósitos como transitamos nos variados espaços sociais e dos papéis assumidos nos processos de socialização. O inesperado e o diferente tornam-se, então, a força motriz da participação cidadã.

3. Participação cidadã e ensino de inglês na universidade: um carnavalesco processo de (re)construção de (novos) letramentos e discursos por meio dos gêneros

Parece correto afirmar que a educação linguística democrática, que se ocupa da relação entre linguagem, conhecimento, poder e sociedade, deve preocupar-se com o desenvolvimento de uma gama variada de (novos) letramentos — visual, digital, multicultural, entre outros — que possibilitem ao cidadão atuar no mundo, questionando valores e padrões sociais vigentes, como também as bases que sustentam sua construção e veiculação. Conforme defendem Monte Mór (2011) e Benesch (2001), passa a ser fundamental, consequentemente, que o processo de ensino-aprendizagem de línguas para fins específicos seja repensado, buscando ampliar a atuação crítica do aluno no mundo, promovendo cruzamentos entre a esfera escolar e a do trabalho, mas também indo além delas, criando-se, assim, uma estreita interface entre o público e o privado, entre conhecimentos, dizeres e fazeres que circulam em diferentes espaços, fazendo emergir o confronto, a polifonia. Para Benesch (2001, p. XVII-XVIII), esse é um exercício que envolve a compreensão do ensino de língua inglesa para fins acadêmicos como um processo que abarca a relação de ruptura e complementaridade entre "análise de necessidades e análise de direitos". O ensino promovido a partir dessa perspectiva prima pelo engajamento dos alunos em atividades típicas do contexto acadêmico-universitário, mas também se preocupa em promover o entrecruzamento de atividades, discursos e gêneros de diferentes espaços, com o propósito de levá-los a ativa e criticamente recriar essas práticas, ao invés de meramente repeti-las.

Na perspectiva plurilíngue até aqui discutida, o caráter dialógico e discursivo da linguagem é sempre reconhecido, não sendo possível abstrair as práticas de linguagem ou educacionais de suas condições de produção. A noção de gêneros discursivos é central nesse processo, uma vez que eles são entendidos como organizadores das atividades sociais, nos mais diferentes espaços. Por esse prisma, é importante também considerar o vínculo entre os gêneros e as diferentes esferas ou campos de comunicação que os originam e/ou permitem sua circulação, na medida em que é a finalidade, além do funcionamento e da especificidade da esfera, que determina as características constitutivas do gênero. É dentro dessa organização social que a formação plurilíngue segue em busca da construção de multi/novos letramentos capazes de fortalecer o potencial de engajamento, social e discursivo do aluno, ampliando seus espaços de circulação e seu potencial crítico de agência. Nesse sentido, Kalantizis et al. (2010, p. 64) enfatizam que, a partir das perspectivas ontológicas e epistemológicas que amparam os multiletramentos, os *novos* letramentos podem ser assim definidos porque tanto se voltam às práticas mediadas pelas novas mídias, quanto enfatizam a natureza aberta dessas práticas e dessas mídias, que reconhecidamente criam espaços de agência, ao mesmo tempo em que "ampliam espaços para a divergência, muito mais que para a homogeneidade". Nessa perspectiva, tomando-os como fortes aliados do letramento crítico, entendo os novos/multiletramentos como potencializadores de um ensino de bases plurilíngues, plurivocais e pluriestilísticas, que amplia as possibilidades de materialização da *compreensão ou réplica ativa* (Bakhtin, 1988 [1934-1935]), fortalecendo a agentividade ou a capacidade criativa de reprojeção de espaços, dizeres e fazeres (Cope e Kalantizis, 2000).

O convite ao deslocamento e à reconfiguração de práticas abre possibilidades da materialização de ressignificações e de movimentos de intertextualidade e interdiscursividade na construção de textos (em seu sentido amplo), ao mesmo tempo em que outras posições discursivas podem ser assumidas. Práticas de intertextualidade ou interdiscursividade, realocadas para o campo educacional, têm seu valor e impacto reconhecidos, em termos de sua potencialidade diante da (re) construção de conhecimentos e discursos. Essas práticas implicam, *grosso modo*, o cruzamento, plurilíngue, polifônico e pluriestilístico, entre textos (em seu sentido amplo) de diversos âmbitos e esferas sociais, permitindo a reconfiguração (também de ordem estética) de olhares, fazeres e dizeres. Segundo Bazerman (2004), o desenvolvimento dessa consciência intertextual maximiza o potencial humano de agência, visto que insere práticas letradas em um contexto mais rico e amplo, aumentando significativamente as capacidades do indivíduo de mover-se por entre textos diversos, em contextos particulares, modificando-os de acordo com propósitos e necessidades próprios. Para Bazerman (2004, p. 64), portanto, uma abordagem intertextual e retórica perante a elaboração de textos (escritos, orais e multimodais), conforme evidenciado, significa "criar autoria, agência, e textos em potencial", em vez de apenas fragmentá-los com base nas capacidades que requerem para serem construídos e veiculados. Dessa forma, prossegue o autor, podemos auxiliar os alunos a "escreverem-se a si próprios, bem como a escreverem seus interesses, no mundo da linguagem", vivenciando novas formas de ser, dizer e viver.

Nessa direção, podemos considerar que as práticas plurilíngues mostram-se potencialmente capazes de levar os alunos a exercitar sua capacidade de agência, ao mesmo tempo em que refletem sobre suas posições identitárias e subjetividades, através de "escolhas deliberadas e apropriações em termos de língua e discursos, papéis sociais e projeções de crenças e valores culturais", conforme também analisa Chen (2013, p. 145) em seus estudos acerca de redes sociais e ensino de línguas. Da mesma forma, afirmam Vasquez et al. (2010), um processo educativo de bases críticas deve levar o aluno a des/reconstruir ativamente o texto (em seu sentido amplo — oral, escrito e multimodal), percebendo explícitos e implícitos, observando as representações, valores e funcionamento social a ele vinculados.

Nessa perspectiva, o caráter transgressor de um ensino de bases plurivocais pode também ser observado em fazeres que rompem com narrativas lineares e convencionalmente normatizadas, e por meio dos quais letramentos autorais possam se fazer presentes, assim como subjetividades redimensionadas.

Por sua vez, sob o enfoque da formação plurilíngue, o ensino pluriestilístico deve proporcionar ao aluno possibilidades diversas de lidar com diferentes gêneros de modo ativo e transformador, muitas vezes hibridizando-os, a fim de reconfigurar temas, formas e estilos, reorquestrando uma multiplicidade de línguas, linguagens e vozes que o constituem. É em meio a essas premissas que entendo fazer sentido reiterar a ideia de reconfiguração como base de construção de práticas de letramento crítico, bem como de novos letramentos. No ensino-aprendizagem de língua inglesa de caráter plurilíngue, essas práticas revelam-se necessariamente colaborativas e orientadas para a participação social democratizadora (Dei, 2013), de modo a problematizar questões e práticas socialmente relevantes e a questionar relações de poder, com vista à promoção de deslocamentos e reposicionamentos, também no que diz respeito a identidades e subjetividades.

Caminhando nessa direção, inicialmente estabeleço um vínculo, com base em Shields (2007), entre uma atitude agentiva ou autoral (Vitanova, 2005), em que nos apropriamos de visões e de modos de se ver e viver no mundo menos opressor, e o conceito bakhtiniano de *carnavalização*, no espaço educacional. Como nos mostra Bakhtin (1981, p. 173), o carnaval pode ser visto como uma "cosmovisão" que liberta, na medida em que subverte, mesmo que temporariamente, tudo o que é oficialmente colocado como certo e absoluto nas relações sociais. De acordo com Foust (2010), o carnaval bakhtiniano evidencia uma prática de transgressão que efetivamente ameaça o *status quo*, uma vez que o faz abrindo novas possibilidades para que identidades e discursos outros se façam presentes. Assim sendo, uma abordagem crítica do ensino de língua inglesa, voltada a potencializar a compreensão criativa, deve necessariamente possibilitar o surgimento de maneiras de *carnavalizar* o inglês, bem como os gêneros que organizam as atividades sociais tomadas como objetos de ensino. A subversão de valores hegemônicos, cristalizados e veiculados por meio dessa língua, e em atividades em que ela circula, deve ocorrer, em minha acepção, paradoxalmente, através do próprio inglês, na medida em que dele nos apropriamos, imprimindo nele nossas marcas identitárias, socioculturais e linguísticas. Nesse contexto, não mais se sustentam visões autoritárias, monolíticas e idealizadas diante da língua/linguagem e de quem dela se apropria.

Revozeando Pennycook (2012), procuro formas menos etnocêntricas de enxergar a língua/linguagem e seus falantes. Agrada-me o conceito de *resourceful speakers*, adotado pelo referido autor na tentativa de evidenciar um tratamento mais voltado ao que conseguimos fazer por meio da linguagem, em que espaços, com quem e com que objetivos, ao invés de privilegiar noções generalizantes. Ao defender esse conceito, Pennycook (2012) atrela-o à ideia de localidade, uma vez que o engajamento desse falante em práticas sociais prevê um constante e crítico processo de (re)localização social, cultural e discursiva. Nessa direção, alguns pesquisadores têm insistido na necessidade de ressignificação de práticas letradas, principalmente relacionadas à escrita em contexto acadêmico-universitário, como um meio de expandi-las ou transformá-las, distanciando-as de sua natureza rigidamente normatizada. Lillis (2011) discorre sobre o processo de *justaposição* textual e ideológica, como possibilidade de fortalecimento do caráter dialógico dessas práticas e de abertura para a diversidade em processos de construção de conhecimento no ensino superior.

Ao tematizar a reconfiguração de práticas de escrita acadêmica, por sua vez, English (2011) recorre às noções de recontextualização e gêneros, aliadas às ideias de multimodalidade e discurso, e propõe que o potencial criativo dos alunos seja maximizado por meio de processos definidos como *regenring*, ou regenerificação, em português. De modo bastante simplificado, podemos dizer que a autora vincula esse processo à recontextualização de espaços, modos e modalidades, mídias, processos de produção e distribuição do texto etc., enfatizando o papel da agentividade, em um processo que leva o aluno a realocar o conhecimento acadêmico e a reposicionar-se discursivamente também como escritor/autor, o que esboça os princípios para a participação cidadã. Valido a ideia de então promovermos processos de *regenring*/regenerificação como potenciais meios para o desenvolvimento do letramento crítico e dos novos/multiletramentos no ensino de línguas. Assim como English (2011, p. 298), em meio a essas práticas, em que gêneros são (cri)ativamente reconfigurados temática, estilística e composicionalmente, creio que os alunos têm a oportunidade de desenvolver criticamente reflexões sobre serem alunos, serem cidadãos do mundo, que circulam em vários espaços, pensando na posição que assumem nesses variados campos e permitindo, assim, que um processo de reconstrução de subjetividades e identidades seja delineado.

Nesse contexto, percebo o ciberespaço como um meio de potencializarmos práticas plurilíngues de letramento crítico. Conforme afirma Santaella (2010), esse é um espaço de troca, do coletivo e, assim, um convite ao deslocamento e para que travemos contatos em busca de conhecimentos (múltiplos, heterogêneos). É, portanto, um espaço de engendramento de subjetividades multiformes, descentradas, instáveis, subversivas. Ao buscar intensificar o desenvolvimento de práticas dessa natureza no ensino de língua inglesa na universidade, acabo também por concordar com Santaella (2010) e procuro aproximar o ciberespaço de minhas propostas didáticas. Entre outras propostas, vejo os projetos de escrita colaborativa na Web como uma rica possibilidade de fortalecer as dimensões plurilíngues, plurivocais e pluriestilísticas do processo educativo, uma vez que se revelam como um espaço de encontros e desencontros muito fértil para a construção de letramentos através de/em língua inglesa, assim como do letramento crítico.

Pelas suas dimensões, analisar práticas pedagógicas desenvolvidas no contexto aqui focalizado foge ao escopo deste trabalho. Entretanto, vale aqui destacar que um projeto dessa natureza foi desenvolvido ao longo de minha atuação no ProFIS. A ideia inicial era a de problematizar a universidade em tempos de globalização e internacionalização e seu impacto na vida dos alunos (dentro e fora da universidade), por meio de narrativas pessoais, ou gêneros outros, que fossem articulados em uma publicação *on-line*, que primeiramente foi definida como um jornal *on-line*. Para a elaboração desse jornal, foram promovidas interlocuções entre grupos distintos de alunos (em termos de área e curso), sendo um grupo composto por integrantes do ProFIS, e outro vinculado a um conjunto de alunos de graduação de outras áreas e cursos, totalizando aproximadamente 15 participantes. O propósito dessa articulação entre grupos era o de, primeiramente, promover possibilidades de engajamento colaborativo entre alunos que possivelmente assumissem identidades e posições discursivas bastante distintas entre si e, assim, analisar o potencial do mundo virtual ante a promoção de espaços de afinidade e (re)construção de conhecimentos e discursos.

Seguindo o pensamento de Vasquez et al. (2010, p. 267), um dos objetivos do projeto era o de analisar se o potencial agentivo dos alunos seria fortalecido conforme eles se engajassem na "criação de textos multimodais que pudessem ser acessados mundial e publicamente", evidenciando esse processo como um meio de ação (crítica e) social vinculada ao ciberespaço. É relevante esclarecer que esse projeto contou com a colaboração de alunos de graduação e de pós-graduação ligados aos Programas de Apoio Docente e de Estágio Docente da Unicamp, respectivamente, sem os quais ele não teria efetivamente se concretizado. Buscou-se desde o princípio agir dentro de uma perspectiva de colaboratividade, para que houvesse ruptura em termos de centralização e assimetria no processo. O espaço de "encontro" escolhido pelo grupo para discussões e definição sobre a publicação foi o Facebook, por meio da criação de um grupo fechado, em que todas as interações foram feitas em língua inglesa. Ao final de um semestre letivo, pudemos contar com uma publicação intitulada *The Loudspeakers*, e outros projetos se seguiram ao que aqui foi citado. De modo geral, essas práticas mostraram-se ricas experiências, pelas quais puderam ser instauradas perspectivas plurilinguísticas, plurivocais e pluriestilísticas.

Diante de todo o aqui exposto, entendo que os resultados das teorizações e práticas pedagógicas discutidas vão ao encontro da demanda pelo surgimento de formas outras de produção e consumo de textos e mídias também no âmbito acadêmico-universitário (Lea e Jones, 2010; Selwyn, 2011). É assim, pelo viés crítico de uma formação de bases plurilíngues, que vejo uma das formas possíveis de fazer o ensino de língua inglesa na universidade revelar-se um exercício de mobilidade e se voltar para a participação democrática como forma de resistência e transgressão.

Referências

ABDI, A. A.; CARR, P. R. *Educating for democratic consciousness*: counter-hegemonic possibilities. New York: Peter Lang Publishing, 2013.

BAKER, A. E. *The new literacies*: multiplex perspectives on research and practice. New York: The Guilford Press, 2010.

_____; PEARSON, P. D.; ROZENDAL, M. S. Theoretical perspectives on literacy studies: an exploration of roles and insights. In: BAKER, A. E. (Ed.). *The new literacies*: multiplex perspectives on research and practice. New York: The Guilford Press, 2010. p. 1-22.

BAKHTIN, M. M. *Questões de literatura e de estética* (A teoria do romance). Tradução de Aurora F. Bernardini e outros. São Paulo: Hucitec [1934-1935], 1988.

_____. *Marxismo e filosofia da linguagem*. Tradução do francês por Michel Lahud e Yara F. Vieira. São Paulo: Hucitec [1929], 2004.

_____. *The dialogic imagination*: four essays. Translated by Caryl Emerson and Michael Holquist. Austin: University of Texas Press, 1981.

_____; VOLOCHÍNOV, V. N. *Estética da criação verbal*. Tradução do russo por Paulo Bezerra. São Paulo: Martins Fontes [1979], 2003.

BARROS, M. E. B. Procurando outros paradigmas para a educação. *Educação & Sociedade*, ano XXI, n. 72, p. 32-42, ago. 2000.

BAUMAN, Z. *Modernidade líquida*. Tradução de Plínio Dentzien. Rio de Janeiro: Jorge Zahar, 2000.

BAZERMAN, C. Intertextualities: Volosinov, Bakhtin, literary theory, and literacy studies. In: BALL, A. F.; FREEDMAN, S. W. (Eds.). *Bakhtinian perspectives on language, literacy, and learning*. Cambridge: Cambridge University Press, 2004. p. 53-65.

BENESCH, S. *Critical english for academic purposes*: theory, politics and practice. London: Lawrence Erlbaum Associates, 2001.

BIESTA, G. J. J. *Good education in an age of measurement*: ethics, politics, democracy. London: Paradigm Publishers, 2007.

BRAGA, D. B. Tecnologia e participação social no processo de consumo de bens culturais: novas possibilidades trazidas pelas práticas letradas digitais mediadas pela internet. *Trabalhos em Linguística Aplicada*, v. 49, n. 2, p. 373-392, 2010.

BURKE, P. *Hibridismo cultural*. Tradução de Leila Souza Mendes. São Leopoldo: Editora Unisinos, 2003.

CHEN, Hsin-I. Identity practices of multilingual writers in social networking spaces. *Language Learning & Technology*, v. 17, n. 2, p. 143-170, 2013.

COPE, B.; KALANTZIS, M. (Eds.). *Multiliteracies*: literacy learning and the design of social futures. London: Routledge, 2000.

COX, M. I. P.; ASSIS-PETERSON, A. A. Transculturalidade e transglossia: para compreender o fenômeno das fricções linguístico-culturais em sociedades contemporâneas sem nostalgia. In: CAVALCANTI, M. C.; BORTONI-RICARDO, S. M. (Orgs.). *Transculturalidade, linguagem e educação*. Campinas: Mercado de Letras, 2007. p. 23-43.

DAY, R. F. J. From hegemony to affinity: the political logic of the newest social movements. *Cultural Studies*, v. 18, n. 5, p. 741, 2004.

DEI, G. J. S. Democratic education, thinking out differently. In: ABDI, A. A.; CARR, P. R. (Eds.). *Educating for democratic consciousness*: counter-hegemonic possibilities. New York: Peter Lang Publishing, 2013. p. 50-67.

ENGLISH, F. *Student writing and genre*: reconfiguring academic knowledge. London: Continuum, 2011.

FOUST, C. R. *Transgression as a mode of resistance*: rethinking social movement in an era of corporate globalization. New York: Lexington Books, 2010.

GUATARRI, F. *Caosmose. Um novo paradigma estético*. Tradução de Ana Lúcia de Oliveira e Lúcia Cláudia Leão. São Paulo: Editora 34, 1992.

GEE, J. P. *New digital media and learning as an emerging area and "worked examples" as one way forward*. Massachusetts: The MIT Press, 2010.

JENKINS, H. *Confronting the challenges of participatory culture*: media education for the 21st century. Cambridge: The MIT Press, 2009.

KALANTIZIS, M.; COPE, B.; CLOONAN, A. A multiliteracies perspective on the new literacies. BAKER, A. E. (Ed.). *The new literacies*: multiple perspectives on research and practice. New York: The Guilford Press, 2010. p. 61-87.

_____; COPE, B. *Multiliteracies*. Cambridge: Cambridge University Press, 2012.

KEATING, A. L. *Teaching transformation*: transcultural classroom dialogues. New York: Palgrave Macmillan, 2007.

KUMARAVADIVELU, B. Linguística aplicada na era da globalização. In: MOITA LOPES, L. P. (Org.). *Por uma linguística aplicada indisciplinar*. São Paulo: Parábola Editorial, 2006. p. 129-148.

LEA, M. R.; JONES, S. Digital literacies in higher education: exploring textual and technological practice. *Studies in Higher Education*, v. 36, n. 4, p. 377-393, 2010. Disponível em: <http://dx.doi.org/10.1080/03075071003664021>.

LILIIS, T. Legitimizing dialogue as textual and ideological goal in academic writing for assessment and publication. *Arts and Humanities in Higher Education*, Sage, v. 10, p. 401-432, July 2011. Disponível em: <http://ahh.sagepub.com/content/10/4/401>.

LUKE, A. Two taken on the critical. In: NORTON, B.; TOOHEY, K. (Eds.). *Critical pedagogies and language learning*. Cambridge: Cambridge University Press, 2004. p. 21-29.

_____; WOODS, A.; WEIR, K. *Curriculum, syllabus design and equity*: a primer and model. New York: Routledge, 2013.

MENEZES DE SOUZA, L. M. T. Para uma redefinição de Letramento Crítico: conflito e produção de significação. In: MACIEL, R. F.; ARAUJO, V. A. (Orgs.). *Formação de professores de línguas*: ampliando perspectivas. Jundiaí: Paco Editorial, 2011. p. 128-140.

MONTE MÓR, W. Critical literacies in the Brazilian universities and in the elementary/secondary schools: the dialectics between the global and the local. In: MACIEL, R. F.; ARAUJO, V. A. (Orgs.). *Formação de professores de línguas*: ampliando perspectivas. Jundiaí: Paco Editorial, 2011. p. 307-318.

MORIN, Edgar. *Introdução ao pensamento complexo*. Tradução de Eliane Lisboa. Porto Alegre: Sulina [2011], 2005.

NIETZSCHE, F. *The Gay Science*. Cambridge: Cambridge University Press, 2001.

NUNES, J. A. Teoria crítica, cultura e ciência: o(s) espaço(s) e o(s) conhecimentos(s) da globalização. In: SOUSA SANTOS, B. (Org.). *A globalização e as Ciências Sociais*, 2005. p. 301-344.

OLIVEIRA, S. E. *Cidadania*: história e política de uma palavra. Campinas: Pontes, 2006.

PENNYCOOK, A. Critical and alternative directions in applied linguistics. *Australian Review of Applied Linguistics*, Victoria (Australia), Monash University, v. 33, n. 2, p. 16.1-16.16, 2010a.

_____. *Language as local practice*. New York: Routledge, 2010b.

_____. *Language and mobility*: unexpected places. New York: Multilingual Matters, 2012.

RAHMAN, S. ELT, ESP and EAP in Bangladesah: an overview of the status and the need for English. In: KRZANOWSKI, M. *English for academic and specific purposes in developing, emerging and least developed countries*. [S/l.]: IATEFL-ESP SIG, 2008. p. 67-83.

RAJAGOPALAN, K. The concept of world English and its implications for ELT. *ELT Journal*, Oxford University Press, v. 58, n. 2, p. 111-117, 2004.

ROBERTSON, R. Glocalization: time-space and homogeneity-heterogeneity. In: _____; FEATHERSTONE, M., LASH, S. (Eds.). *Global modernities*. Thousand Oaks, CA: Sage, 1995. p. 25-44.

ROCHA, C. H. *Propostas para o inglês no ensino fundamental I público*: plurilinguismo, transculturalidade e multiletramentos. Tese (Doutorado) — Instituto de Estudos da Linguagem, Universidade Estadual de Campinas, Campinas, 2010.

_____. *Reflexões e propostas sobre inglês no Ensino Fundamental I*: multiletramentos, plurilinguismo e transculturalidade. Campinas: Pontes, 2012.

SANTAELLA, L. *A ecologia pluralista da comunicação*: conectividade, mobilidade, ubiquidade. São Paulo: Paulus, 2010.

SANTAELLA, L. *Linguagens líquidas na era da mobilidade*. São Paulo: Paulus, 2007.

SELWYN, N. *Social media in Higher Education*. London: Routledge, 2011

SETTON, M. G. *Mídia e educação*. São Paulo: Contexto, 2010.

SHIELDS, C. M. *Bakhtin*. New York: Peter Lang Publishing Inc., 2007.

UNTERHALTER, E.; CARPENTIER, V. *Global inequalities and higher education*: whose interests are we serving? Hampshire (UK): Palgrave Macmillan, 2010.

VASQUEZ, V.; HARST, J. C.; ALBERS, P. From the personal to the worldwide web: moving teachers into positions of critical interrogation. In: BAKER, A. E. (Ed.). *The new literacies*: multiple perspectives on research and practice. New York: The Guilford Press, 2010. p. 265-284.

VERASZTO, E. V. et al. Tecnologia: buscando uma definição para o conceito. *Prisma.com*, n. 7, 2008.

VILLAÇA, N. *Em pauta*: corpo, globalização e novas tecnologias. Rio de Janeiro: Mauad, 1999.

VITANOVA, G. Authoring the self in a non-native language: a dialogic approach to agency and subjectivity. In: HALL, J. K.; MARCHENKOVA, L.; VITANOVA, G. (Eds.). *Dialogue with Bakhtin on second and foreign language learning*: new perspectives. New Jersey: Lawrence Erlbaum Associate Publishers, 2005. p. 149-169.

Seção 4

TDICs e buscas de democratização no contexto das esferas públicas

Ampliando a participação social na escolha da escola de populações cultural e socialmente diversas:
a experiência do *website* MySchool na Austrália

Joel Windle

Como consequência de imigração, a Austrália é uma das nações mais diversas cultural e linguisticamente do mundo, com cerca de um quarto da população nascida no exterior (Welch, 2007). Em 2009-2010, 215 mil migrantes, migrantes forçados ou refugiados, estabeleceram-se definitivamente no país, respondendo por mais da metade do crescimento populacional anual (Australian Bureau of Statistics, 2011). A Austrália também conta com uma variedade de povos indígenas e uma maioria anglo-celta, cujas normas culturais refletem-se nas instituições públicas. O inglês é a língua de instrução nas escolas e a língua através da qual praticamente toda comunicação com os pais é realizada. Cerca de 30% dos estudantes frequentam escolas privadas afiliadas às igrejas católica, anglicana ou a outras denominações protestantes. Escolas que buscam interagir com pais oriundos de grupos minoritários — como os muçulmanos — são poucas e afastadas. Dentro dessa dinâmica, trata-se aqui de analisar a contribuição, para as relações família-escola, da introdução de uma plataforma denominada MySchool, destinada aos pais para que escolham o estabelecimento de ensino médio para os seus filhos.

O governo australiano reconheceu que as escolas não estão atendendo bem a todos os segmentos da população; um sentimento que se resumiu em uma reunião de ministros estaduais e federais nos seguintes termos:

> Os estudantes de baixa condição socioeconômica, aqueles que vivem em áreas remotas e os refugiados, jovens desabrigados e estudantes com deficiência, muitas vezes experimentam desvantagens no que concerne à educação. Apoios específicos podem ajudar jovens australianos desfavorecidos a alcançarem melhores resultados educacionais. Os governantes australianos devem oferecer apoio para que todos os jovens australianos alcancem não apenas igualdade de oportunidades, mas também resultados mais justos. (Conselho Ministerial de Educação e Assuntos Internos, 2008)

Em uma era em que os resultados educacionais estão estreitamente ligados ao trabalho e a outras formas de participação social, o governo australiano tem articuladamente realizado esforços para democratizar o acesso à educação de qualidade para as populações desfavorecidas, por meio de um enfoque que combina a avaliação das escolas com a possibilidade da "escolha da escola". Famílias abastadas e bem informadas na Austrália sempre tiveram a opção de escolher as "melhores" escolas para seus filhos, e a premissa básica do método de escolha da escola é fazer com que tais opções estejam disponíveis para todos. O envolvimento na "escolha da escola" — o que, em si, pode ser considerada uma forma de participação social

— vem sendo apoiado em termos concretos desde 2010, por meio da publicação de dados de desempenho escolar em um *site* acessível aos pais de uma maneira que permite a comparação: o MySchool.

Os políticos enquadram o *site* MySchool em termos de habilitação dos pais dentro de uma "agenda transparente de prestação de contas" (Graham e Reid, 2009, p. 58). O primeiro-ministro pediu que os pais usassem o *site* para "demonstrarem sua insatisfação" e confrontarem diretores e professores de escolas com baixo desempenho (Donnelly, 2009, p. 78).

Os dados disponíveis para os pais são de natureza altamente técnica, sendo estatisticamente manipulados de modo a moderar os efeitos da composição social da população estudantil. Para orientar os pais, um esquema de cores que vão do verde-escuro ao vermelho é imposto sobre os dados, indicando desempenho superior a inferior em relação às "escolas desejáveis".

1. Neoliberalismo e a participação dos pais-consumidores

Esse desenvolvimento australiano encaixa-se na propagação global e na consolidação dos sistemas de coleta e disseminação de dados de desempenho de nível escolar (Ball, 1994; Hursh, 2005). Nos Estados Unidos, a política conhecida como "No child left behind" [Nenhuma criança deixada para trás] estabelece testes padronizados para os alunos em todas as escolas. Da mesma forma, foram estabelecidos testes na Europa (Reino Unido e França), na Austrália e, claro, no Brasil, na forma do Exame Nacional do Ensino Médio (Enem) e da Prova Brasil.

Até onde esses dados servem supostamente para orientar os pais na escolha de uma escola ou para envolvê-los nos esforços de melhoria escolar é algo variável, mas, inevitavelmente, eles têm algum impacto nas formas como os pais veem as várias áreas do sistema de ensino. O ensino privado e socialmente seletivo ao redor do globo beneficia-se da cobertura da mídia. Os leitores brasileiros, por exemplo, encontram regularmente manchetes como "Enem 2010 conta com apenas 13 escolas públicas entre as 100 melhores" (globo.com, 2011). Esse impacto é desejável, segundo uma visão de educação como mercadoria.

Os críticos do sistema escolar "burocrático" têm argumentado que as autoridades educativas são incapazes de uma reforma a partir de dentro, defendendo um modelo no qual as escolas estão sujeitas à pressão de "consumidores" (Robertson, 2000). Além disso, a publicação dos dados de desempenho escolar em jornais — muitas vezes na forma de tabelas estatísticas — contribui para a criação de uma "cultura de educação como mercadoria" (Kenway e Bullen, 2001). Os governos australianos têm procurado incentivar tal cultura, removendo restrições geográficas sobre frequência e promovendo a diferenciação sobre temas, valores e currículos dentro do setor público (Windle, 2009). As escolas particulares também têm recebido cada vez mais subsídios governamentais para incentivar ainda mais a escolha dos pais, embora essa estratégia não tenha evidenciado nenhum impacto, seja reduzindo as barreiras geradas pelos custos das mensalidades escolares, seja afetando a divisão social atrelada ao acesso (Teese, 2011; Teese e Polesel, 2003).

Para o governo australiano, defensor do modelo de mercado, a publicação desses dados aborda uma crítica fundamental aos mercados em geral: a desigualdade do conhecimento. Um mercado educacional em que as escolas competem por meio de reivindicações de publicidade pode levar os pais (consumidores) à escolha de escolas por razões enganosas ou falsas. O fornecimento diretamente aos pais de dados "puros" oferece uma solução tecnocrática na atualidade.

As questões que permanecem dizem respeito a (i) saber como os pais acessam e utilizam os dados de desempenho para guiar sua escolha da escola; e (ii) saber se a participação na escolha da escola, na verdade, contribui para a qualidade e a igualdade social de um sistema de educação. A literatura especializada produzida no Reino

Unido e nos Estados Unidos, onde sérias reformas baseadas no mercado foram implementadas, aponta para graves falhas (Butler, Hamnett Ramsden e Webber, 2007; Gorard, 1999; Lubienski, Gulosino e Weitzel, 2009; Lubienski, Weitzel e Lubienski 2009; Rouse e Barrow, 2009; Taylor, 2009). O desempenho não melhorou e a segregação social e racial tem aumentado. A experiência dos Estados Unidos, nomeadamente através da introdução de escolas terceirizadas ("Charter Schools"), demonstrou que o grande "êxito" das recentes reformas tem sido a antissindicalização e a desprofissionalização do ensino (Giroux e Saltman, 2009).

Estudiosos têm argumentado que os dados de desempenho são um guia duvidoso de pouco valor preditivo, mesmo quando os pais dominam o esforço bastante complexo de interpretação que exigem (Leckie e Goldstein, 2009; Wu, 2010). Isto está de acordo com a pesquisa que sugere que os próprios pais usem outros tipos de informações, tais como o contexto social e racial de outros alunos na escola (Bell, 2009; Reay e Ball, 1997; Reay e Lucey, 2000). Pouco se sabe ainda sobre o modo como os pais australianos estão respondendo ao *site* MySchool, embora algumas pesquisas tenham mostrado que alguns pais de classe média o rejeitam, acreditando que ele seja útil apenas para aqueles que carecem de capital social e cultural para já "saberem" quais são as melhores escolas (Rowe e Windle, 2012). Para esses pais, compromissos preexistentes em vez de avaliação de desempenho escolar são fatores mais importantes, e o *site* serve apenas como uma lembrança da competitividade do acesso a uma "boa" escola.

2. O estudo

O projeto aqui relatado, apoiado pelo Australian Research Council, investigou como os pais, em três localidades urbanas socialmente desfavorecidas e etnicamente diversas, empreenderam a tarefa de escolher uma escola secundária para seus filhos.[1] O estudo teve como objetivo compreender em que extensão os pais estavam ativamente engajados como "consumidores", que tipo de informações buscaram e encontraram sobre escolas secundárias e quais fatores influenciaram suas decisões. Pais e alunos responderam a questionários (666) e foram entrevistados (40). Também foram entrevistados professores envolvidos na transição do ensino primário para o secundário (15). O instrumento de pesquisa foi desenvolvido a partir de itens existentes adaptados ao contexto australiano (Davies e Quirke, 2005; Gorard e Fitz, 2000) e uma agenda em aberto era usada para entrevistas. Os dados qualitativos foram codificados tematicamente usando o programa NVivo. Temas iniciais foram obtidos a partir da literatura existente sobre a escolha da escola, sendo refinados e adicionados a novos temas identificados em relação a preferências, restrições e representações de si mesmo e de outros atores (em nível individual e institucional). Os dados da pesquisa foram analisados para identificar se há um deslocamento entre o comportamento do grupo que escolheu uma escola secundária antes do lançamento do *website* e aquele que fez a escolha depois desse lançamento. As distinções entre os diferentes grupos de pais, segundo as fontes de informação pesquisadas, também foram analisadas por meio de tabulação cruzada e testes Chi-Square de significância estatística.

3. Amostra

Da amostra, mais ou menos metade pode ser classificada como de nível socioeconômico baixo, enquanto um quarto é de nível socioeconômico médio e alto. Como a Tabela 1 (a seguir) mostra, uma minoria de participantes veio de famílias que tinham o inglês como

---

1. O sistema educacional australiano consiste em escolas primárias (equivalente ao 1°-7° anos do Ensino Fundamental) e escolas secundárias (equivalente ao 8° ano — final do Ensino Médio).

língua principal, com uma grande variação de origens linguísticas representadas.

Tabela 1
Língua mais frequentemente falada em casa

Língua	%
Inglês	47,2
Vietnamita	11,4
Chinês	7,4
Cantonês	3,8
Tâmil	2,4
Turco	2,2
Árabe	1,6
Macedônio	1,3
Cingalês	1,3
Dari	1,1
Khmer	1,1
Punjabi	1,1
Outros	16,1

A maioria dos entrevistados (84%) planejava enviar seus filhos para uma escola secundária do governo e apenas uma minoria considerava mais de uma opção (45%). Entre aqueles que consideraram mais de uma escola, as famílias com alto nível socioeconômico eram mais propensas a ingressar na escola de sua primeira opção (80% a 49%)

No geral, 43% da amostra relatou compreender a forma como a transição do ensino primário para o secundário é organizada, 52% reportou algum entendimento e 5% indicou confusão.

4. O uso limitado de MySchool como uma fonte de informação

A pergunta dirigida aos pais foi: "Quão importantes são cada uma das seguintes fontes de informação para ajudar sua família a escolher uma escola secundária para seu filho da 6 série?" Foram listadas nove fontes de informação (ver Tabela 3, mais adiante), entre elas o *website* MySchool, e os pais também puderam adicionar fontes de informação em uma seção aberta.

A maioria dos pais ou não utilizava o *site* MySchool (44%), ou não o consideravam importante (18%). Contudo, uma considerável minoria via o *site* como algo um pouco importante (23%), ou como algo muito importante (16%) para ajudar a escolha. É possível que o uso aumente com o tempo. Entretanto, a baixa taxa de utilização do *site* contradiz as informações do governo, que registram um elevado volume de tráfego no *site*.

Os dados das entrevistas revelaram uma série de atitudes relativas ao MySchool. Um grupo de pais estava ciente do *site*, mas deliberadamente o rejeitava por razões filosóficas. Um segundo conjunto não o rejeitou diretamente, mas fez uso limitado desse *site*, atrelando-o a outras fontes de informação. Um terceiro grupo de pais confiava no *site*, na falta de outros tipos de informação e apoio — como amigos, parentes ou conhecidos que tivessem alguma relação com escolas específicas. Um quarto grupo, o maior, ouvira falar do *site*, mas não o tinha usado porque não sabia como acessá-lo ou utilizá-lo.

5. Rejeição baseada em princípios

Para alguns que não usaram o MySchool, o caráter altamente técnico com informações impessoais tornou o *site* irrelevante para a decisão que os entrevistados consideram ser fortemente conectada às necessidades individuais de uma criança. A atitude de Adele, uma mãe de classe média, que contemplou escolas secundárias privadas e estaduais, é típica dessa posição. Ela observa:

> Não é do meu interesse de forma alguma. Não, eu sequer o visitei, eu não saberia onde encontrá-lo ou como utilizá-lo. Não, para mim, trata-se simplesmente de ter um pouco de compreensão sobre minha filha. Ter uma ideia do que quero para ela. Meus dois filhos, na verdade, no que diz respeito à educação, e ir procurando.

A resposta de Adele mostra que o conhecimento público do *site* é suficiente tanto para lhe fornecer uma ideia sobre o tipo de informação que ele contém, quanto para sua rejeição dessa informação, que lhe é desprovida de valor. No entanto, ela demonstra ter uma posição engajada e estar preparada para examinar outras fontes de informação de forma ativa:

> Veja. Eu acho que a responsabilidade recai completamente sobre as famílias. Não no departamento de educação ou nas escolas em que nossos filhos estão para informá-los sobre suas opções para o ensino médio. E se não podemos pagar por uma escola particular e nossa única opção são as escolas estaduais, eu estaria lá fora, procurando da mesma forma... Frequentamos reuniões informativas, fizemos visitas às escolas. Quando discutimos o Erindale Senior Secondary College, como opção, fomos até lá, conseguimos informações, encontramos o diretor e fizemos várias perguntas. Assim, independentemente de como você se sente não tendo outra opção senão uma escola estadual, você tem a opção de mais de uma escola estadual. Se você está preparado para enfrentar a diretora por estar fora da zona residencial, ou o que quer que seja. E eu acho que depende mesmo é da gente.

De muitas maneiras, essa insistência em assumir a responsabilidade por navegar no mercado de educação é exatamente o tipo de comportamento previsto pelos promotores da escolha da escola. Essa insistência reflete um tipo de concepção do sujeito neoliberal que pesquisadores britânicos identificam com a classe média (Ball, 1993, 2003). Ou seja, cada pessoa deve assumir completa responsabilidade por seu próprio destino e o Estado é dispensado de obrigações e exigências com base nos direitos de seus cidadãos.

No entanto, o modelo neoliberal de mercado também presume que os pais tomarão decisões racionais e interesseiras baseadas em um conjunto de critérios comuns, nomeadamente, dados de desempenho do nível da escola (Windle, 2009). Em vez disso, Adele, como muitas outras mães entrevistadas, valorizou a população de uma escola local mista, as maneiras como os professores interagiam com os alunos e uns com os outros, além de iniciativas escolares. Acima de tudo, ela rejeitou a associação de sucesso ao desempenho escolar:

> O que significa o sucesso? Quer dizer, sucesso para mim é meus filhos estarem felizes, comprometidos com a aprendizagem, e eles estão tão felizes na escola como qualquer garoto poderia estar quando é adolescente. E eles são envolvidos.

Um segundo princípio da rejeição, alinhado com críticas acadêmicas (Giroux e Saltman, 2009), é que os próprios dados estão prejudicando as escolas e os professores. Discussões de Charles com os amigos professores levaram-no a não confiar nos dados do *website*:

> Conversei com alguns amigos da minha família que são professores do ensino médio e, segundo eles, a baixa classificação da escola os rebaixa... Definitivamente, a escola desempenha um papel importante no desenvolvimento acadêmico da criança, mas há outros fatores, tais como a família... No entanto, o *site* MySchool mostra isso de tal forma que promove um rebaixamento da escola, do corpo docente e rotula os alunos.

6. Integração do *site* MySchool às estratégias existentes

As objeções filosóficas de Adele com relação ao *website* são feitas da posição relativamente privilegiada de poder ter acesso a uma vasta gama de outras fontes de informações. Outros "selecionadores ativos" nessa posição, por sua vez, fazem uso do MySchool para confirmar os compromissos e investimentos já existentes. Erica, por exemplo, tem uma conexão pessoal com uma escola católica que escolheu para sua filha. Ela já visitou escolas e conversou com professores e, embora seja cética no que diz respeito ao fato de algumas escolas poderem tentar "adornar" os seus resultados no MySchool excluindo os alunos fracos, ela encontra validação para sua escolha:

> É uma escola tão boa e tem tão bons resultados, e eu visitei o MySchool e fiz a lição de casa... e você vê todos os dados surgindo. Visitei o *site*, duas das minhas irmãs também visitaram, e minha mãe. Uma história familiar que me propiciou conseguir, já que estamos bem fora da zona e elas frequentam escolas que aceitam remanejamentos. A St. Stephen, St. Paul, St. Anna, St. Catherine, elas aceitam remanejamentos para a St. Barnabus a partir da 6ª série. De modo que tive sorte de inscrevê-la lá... É uma boa escola, tem uma boa reputação.

A experiência de Erica demonstra que o *site* MySchool faz mais do que assinalar a qualidade para os pais — ele destaca as escolas que são de difícil acesso. Ao invés de os pais escolherem essas escolas altamente classificadas, são as escolas que fazem a seleção. Em alguma medida, portanto, isso mostra aos pais o que eles não podem ter, a menos que possuam o benefício de ligações familiares, a disposição para pagar as taxas ou o endereço residencial "correto". O *site* Myschool, portanto, oferece um conjunto de estratégias já existentes, exercidas tanto pelas famílias de classe média quanto pelas próprias escolas.

7. Confiabilidade no *site* MySchool

Aos pais com inglês limitado, com contatos sociais restritos e sem a ousadia de sequer abordar os diretores — que dirá de "serem insistentes" com eles —, o *site* pode desempenhar um papel importante, alertando-os para escolas que existem em seu bairro. Para muitos migrantes da classe operária que não acreditam no sucesso acadêmico dos filhos da mesma forma que os pais da classe média como Adele, e que vivem nos subúrbios, onde algumas escolas têm reputações de serem fracas, o desempenho da escolaridade é fundamental. Chie, por exemplo, observa:

> Não quero que meu filho frequente escolas nesta área. Espero dar a meu filho um ambiente melhor, mais competitivo. O resultado acadêmico é um fator crucial, que se relaciona com o *ethos* da área e da escola e com o percentual de inscrição da universidade. Afinal de contas, o percentual de inscrição na universidade, o número de estudantes que podem ir à universidade em uma escola, informa a qualidade desses estudantes.

Para Chie, o *site* forneceu informações valiosas, apesar de ela se esforçar para acessá-las devido a dificuldades com o idioma:

> Recolhi [informações] principalmente do MySchool e do *site* da escola. Meu inglês não é muito bom, e eu usava a tradução *on-line*. Às vezes, não dava certo. Concentrei-me, principalmente, na informação e nos dados do MySchool.

Mas para os pais da classe trabalhadora, o *website*, por vezes, só oferece um lembrete cruel de que a quota disponível para eles fica muito atrás de escolas que não lhes são acessíveis. Hilary não usou o MySchool, mas ouviu de amigos que a escola do filho dela "não tem uma classificação muito alta". Ela continua:

Você sabe, as escolas não estão muito bem avaliadas nesta área, mas, como eu disse, novamente, vocês sabem, com o sistema de educação que você tem — não há uma escola nessa área, é uma escola particular, é uma boa escola, mas, se a criança não estiver dentro do percentual superior para VCE, eles realmente pedem para seu filho sair... Então, quando você tem esses *sites* como o MySpace [*sic*] e tudo bem, vamos avaliar sua escola, não significa nada para mim, porque eu realmente conheço [as escolas] por dentro, o que está acontecendo nessas escolas, e para mim, pesquisar em um *site* que diz isso, não significa nada.

Hilary valoriza a informação sobre o MySchool, mesmo que seja indiretamente adquirida, mas ela é incapaz de tomar iniciativas a partir dessa informação. O *site* serve para promover o mito da igualdade de acesso, que é incompatível com as práticas seletivas que garantem às escolas um lugar mais alto na escala oferecida pelo *site*.

8. Não utilização do MySchool

Outro grande grupo de pais relatou ter ouvido sobre o *site* MySchool através da mídia, mas, nas palavras de um pai, "eu não sabia como usá-lo e, por isso, não o usei mais". Yvonne é outra mãe que ouviu sobre o *site* na TV e visitou-o apenas uma vez:

> Eu provavelmente só fui para ver como ele funcionava quando aparecia na TV o tempo todo. Então eu realmente só fui de intrometida, só para ver como funcionava, mas eu não gostaria de voltar lá, a menos que viesse a notícia de que alguma coisa importante que eu deveria verificar estivesse lá no MySchool. Caso contrário, eu não tenho nenhuma...
> **P**: Não era útil?
> **R**: Não.
> **P**: Não influenciou sua escolha ou algo assim?
> **R**: Não, não.

A breve visita de Yvonne ao *site* é um lembrete da campanha publicitária pesada que acompanhou seu lançamento. Mas Yvonne, como muitas outras pessoas, não tinha tempo para pesquisar a fundo o *site*. O Myschool realmente coloca um fardo pesado para os pais em termos de acesso às TICs (Tecnologias de Informação e Comunicação), tempo e habilidades. As respostas de um grupo de pais entrevistados em chinês são reveladoras:

P: Você já ouviu falar sobre o *site* de MySchool?
R: Não. Não sei usar o computador. Vou trabalhar, volto para casa, faço o trabalho de casa, assisto à TV e durmo. É isso aí. Eu não sei usar computadores.
P: Você já ouviu falar ou usou o *website* MySchool?
R: Desculpe, eu não sei usar o computador. Então, eu não conheço.
P: Você usou MySchool, o *site*?
R: Não. Nós não entendemos disso. Nós nunca tínhamos ouvido falar dele. Nós não somos bons em inglês e não temos um alto nível de educação. Portanto, não podemos obter muita informação com ele.

9. Confusão a respeito do MySchool?

As entrevistas revelaram um alto nível de conhecimento da existência do *site* MySchool, mas uma incerteza quanto ao conteúdo, "a questão tratada pelo *site*". O lançamento veio em um momento no qual muitas outras iniciativas educacionais estavam sendo realizadas, e alguns pais confundiam o *website* MySchool com outras iniciativas *on-line*, como o grandiosamente intitulado "Ultranet", ou com informações sobre o desempenho escolar discente oferecidas pelas próprias escolas. Alguns até mesmo confundiam o MySchool com o MySpace, apontando para a natureza superlotada do mundo, no qual milhares de plataformas competem por atenção. Isso pode ajudar a explicar o resultado surpreendente no questionário: um número considerável de pais do grupo que selecionou uma escola secundária antes do lançamento do *site* informou tê-lo consultado (Tabela 2). Embora haja um aumento no uso do *site* para aqueles que escolheram uma escola após seu lançamento, essa diferença não é estatisticamente significativa (p=0,085). Além da provável confusão apontada, é possível que pais, que já haviam escolhido uma escola antes do lançamento, tenham consultado o *site* ulteriormente.

Tabela 2

	Não utilizou	Não é importante	Pouco importante	Muito importante	Total
Decisão pré-lançamento do *site*	46,2%	18%	23,2%	12,6%	100% (n=366)
Pós-lançamento do *site*	40%	17,2%	22,8%	20%	100% (n=366)
Total (n=616)	43,7%	17,7%	23,1%	15,6%	100% (n=616)

10. MySchool entre outras fontes de informações

Já vimos, pelos extratos das entrevistas apresentadas anteriormente, que o MySchool fica entre outras fontes de informação e que a informação do *site* é, em si, mediada por amigos e pela imprensa. Em relação a todas as demais fontes de informação, aquela oferecida pelo *site* MySchool foi menos frequentemente citada como "um pouco" ou "muito" importante na orientação da escolha de uma escola secundária (Tabela 3). Em vez disso, os pais se basearam mais comumente: no desempenho/informações de seus filhos, encontros face a face nas escolas secundárias, amigos e escola primária da criança. Os materiais promocionais foram menos frequentemente vistos como importantes.

Tabela 3

Quão importante na escolha de uma escola secundária?	(% de classificação como importante)
Seus filhos	87,6
Encontros promovidos pelas escolas secundárias	86,3
Amigos	76,8
Escola primária atual	73,9
Sites de escolas ou panfletos	66
Família e parentes	65,8
Revistas ou guias *on-line* de comparação de escolas (exceto MySchool)	46,6
Anúncios nos jornais escolares	43,5
Website MySchool.edu.au	38,6

Dentro da amostra da pesquisa, surgiram divisões claras. Famílias de migrantes eram mais fortemente dependentes do MySchool. O *website* foi pelo menos um pouco importante para metade das famílias de imigrantes em comparação com 10% das famílias com dois pais nascidos na Austrália ($p < 0{,}01$). Famílias das Filipinas, por exemplo, consideraram o *site* importante em uma taxa de 73%. Famílias da classe trabalhadora ainda fizeram mais uso do *site* do que as famílias de classe socioeconômica elevada (46% a 32, $p < 0{,}05$). Famílias de migrantes e da classe trabalhadora também prestaram maior atenção à família e aos parentes na tomada de decisões, ressaltando o poder das redes de parentesco como mecanismos de sustentação para aqueles que estão menos familiarizados com o sistema educacional e são menos capazes de lidar com ele de forma independente.

11. Conclusão

A introdução em 2010 do *website* MySchool na Austrália visava democratizar uma determinada forma de participação social (envolvimento na escolha da escola) e melhorar a igualdade nos resultados educacionais e as medidas associadas à participação social, tais como a empregabilidade. No entanto, o estudo relatado aqui sugere que as formas como os pais percebem o *website* e dele fazem uso diferem do modelo ideológico implicado no *site*. Os resultados de um estudo sobre os pais residentes em bairros socialmente desfavorecidos e etnicamente diversos mostraram que uma minoria de pais confiava no *site* e que outras fontes e formas de informação permaneciam mais relevantes para eles. Esse quadro sugere que o *site* oferece perspectivas limitadas de acesso democratizante à escolaridade de alta qualidade.

A introdução do *website* MySchool foi concebida para empoderar os pais. Como vimos, até agora, apenas uma minoria dos pais em bairros predominantemente de classe trabalhadora e migrantes estão fazendo uso do *site*. Para alguns deles, essa é uma questão de princípio — o *site* contém informações irrelevantes, imprecisas ou prejudiciais. Para outros, o *site* se encaixa dentro do campo de jogo estratégico maior da educação mercantilizada. Ele envia os sinais de mercado que reforçam nos pais fortemente posicionados a certeza de que seus filhos estão em boas escolas e, nos pais em posição de desvantagem, o sentimento de que estão excluídos dessas escolas.

Este estudo confirma uma das conclusões do projeto de menor escala, que descobriu que o MySchool era visto como uma última fonte de informação a ser consultada por aqueles que ainda não haviam tomado uma decisão (Rowe e Windle, 2012).

Barreiras à informação são apresentadas por uma capacidade restrita e uma confiança limitada perante o domínio da língua inglesa, combinadas com o pouco esforço feito pelas escolas para tornar a informação acessível a grupos não falantes de inglês. Tanto para as famílias de imigrantes quanto para aquelas da classe trabalhadora, as barreiras de tempo, acesso e competência em TICs permanecem obstáculos consideráveis para que seja feito um uso eficaz do MySchool. Além disso, as entrevistas demonstraram que a maioria dos pais tem uma impressão muito geral no *site* sobre a possibilidade de uma escola ser "boa" ou "ruim". Essa é uma impressão que vem da reputação preexistente de escolas e ridiculariza o raciocínio estatístico refinado e a apresentação que faz o *site*. Até o momento, nenhuma investigação foi realizada sobre a forma como, mais precisamente, os pais dão sentido a essa informação complexa enquanto navegam no *site*, e esse deve ser um foco urgente de atenção na academia. Em última análise, no entanto, o aumento de relatos e até mesmo o aumento da conscientização do desempenho ou do nível da escola não são, em si, uma resposta para os problemas de desigualdade educacional na Austrália. As famílias com meios de ter acesso a ambientes social e academicamente seletivos são as únicas que podem fazer uso pleno do *site* como um manual do consumidor. Para outras, percorrer as páginas de MySchool continua sendo como olhar vitrines. Apenas se pode esperar que o sentimento de frustração criado nos pais desfavorecidos se traduza em uma série de exigências políticas de acesso universal à educação pública de qualidade em todos os bairros.

A interação entre os pais e as TICs, neste caso, é moldada pelas políticas do neoliberalismo e pela mitologia de que o desempenho escolar independe do nível de seletividade social praticada pela escola. Relatórios de mídia, por exemplo, concentram-se na nomeação das escolas "top" e no rebaixamento das escolas "inferiores". Escolas privadas socialmente exclusivas invariavelmente parecem ser as escolas "melhores", apesar das tentativas do *site* MySchool de explicar a seleção de alunos pelo viés estatístico. O impacto do *site* MySchool provavelmente não será sentido em primeira instância através de seu uso pelos pais, mas em função de outros usos que ele pode oferecer. Internacionalmente, os regimes de teste têm tido consequências que vêm trabalhando contra a participação e a igualdade social, incluindo a vigilância e a demissão de professores, a redução do currículo, a preparação e a realocação dos recursos de escolas públicas que servem comunidades desfavorecidas. Esses são perigos dos quais aqueles que procuram mobilizar TICs para a participação social devem constantemente se proteger.

Referências

AUSTRALIAN BUREAU OF STATISTICS. 3412.0 — Migration, Australia, 2009-10. Camberra: Australian Bureau of Statistics, 2011.

BALL, S. Education markets, choice and social class: the market as a class strategy in the UK and the USA. *British Journal of Sociology of Education*, v. 14, n. 1, p. 3-19, 1993.

_____. *Education reform*: a critical and post-structural approach. Buckingham: Open University Press, 1994.

_____. *Class strategies and the education market*: the middle classes and social advantage. London/New York: Routledge Falmer, 2003.

BELL, C. Geography in parental choice. *American Journal of Education*, v. 115, n. 4, p. 493-521, 2009.

BUTLER, T. et al. The best, the worst and the average: secondary school choice and education performance in East London. *Journal of Education Policy*, v. 22, n. 1, p. 7-29, 2007.

DAVIES, S.; QUIRKE, L. Providing for the priceless student: ideologies of choice in an emerging educational market. *American Journal of Education*, v. 111, n. 4, p. 523-547, 2005.

DONNELLY, K. The politics of school choice. *Quadrant*, Sydney, v. 53, n. 7-8, p. 78-81, 2009.

GIROUX, H. A.; SALTMAN, K. Obama's betrayal of public education? Arne Duncan and the corporate model of schooling. *Cultural Studies↔Critical Methodologies*, v. 9, n. 6, p. 772-779, 2009.

GLOBO.COM. *Enem 2010 tem somente 13 escolas públicas entre as cem melhores*, 2011. Disponível em: <http://g1.globo.com/vestibular-e-educacao/noti-

cia/2011/09/enem-2010-tem-somente-13-escolas-publicas-entre-cem-melhores.html>. Acesso em: 6 abr. 2012.

GORARD, S. "Well. That about wraps it up for school choice research": a state of the Art Review. *School Leadership & Management*, v. 19, n. 1, p. 25-47, 1999.

_____; FITZ, J. Markets and stratification: a view from England and Wales. *Educational Policy*, v. 14, n. 3, p. 405-428, 2000.

GRAHAM, J.; REID, A. Education under Rudd: interview by John Graham. *Professional Voice*, v. 7, n. 2, p. 55-62, 2009.

HURSH, D. Neo-liberalism, markets and accountability: transforming education and undermining democracy in the United States and England. *Policy Futures in Education*, v. 3, n. 1, p. 3-15, 2005.

KENWAY, J.; BULLEN, E. *Consuming children*: education-entertainment-advertising. Buckingham: Open University Press, 2001.

LECKIE, G.; GOLDSTEIN, H. The limitations of using school league tables to inform school choice. *Working Paper*, Centre for Market and Public Organisation, University of Bristol, n. 9/208, 2009.

LUBIENSKI, C.; WEITZEL, P.; GULOSINO, C. School choice and competitive incentives: mapping the distribution of educational opportunities across local education markets. *American Journal of Education*, v. 115, n. 4, p. 601-647, 2009.

_____; _____; LUBIENSKI, S. T. Is there a "consensus" on school choice and achievement?: advocacy research and the emerging political economy of knowledge production. *Educational Policy*, v. 23, n. 1, p. 161-193, 2009.

MINISTERIAL COUNCIL ON EDUCATION, EMPLOYMENT, TRAINING AND YOUTH AFFAIRS. *Melbourne Declaration on Educational Goals for Young Australians*, 2008.

REAY, D.; BALL, S. J. "Spoilt for choice": the working classes and educational markets. *Oxford Review of Education*, v. 23, n. 1, p. 89-101, 1997.

_____; LUCEY, H. Children, school choice and social differences. *Educational Studies*, v. 26, n. 1, p. 83-100, 2000.

ROBERTSON, S. *A Class Act*: changing teachers' work, the state, and globalization. New York: Falmer, 2000.

ROUSE, C. E.; BARROW, L. School vouchers and student achievement: recent evidence and remaining questions. *Annual Review of Economics*, v. 1, p. 17-42, 2009.

ROWE, E.; WINDLE, J. The Australian middle class and education: a small-scale study of the school choice experience as framed by "My School" within inner city families. *Critical Studies in Education*, forthcoming, 2012.

TAYLOR, C. Choice, competition, and segregation in a United Kingdom urban education market. *American Journal of Education*, v. 115, n. 4, p. 549-568, 2009.

TEESE, R. *From opportunity to outcomes*: the changing role of public schooling in Australia and national funding arrangements. Melbourne: University of Melbourne, 2011.

_____; POLESEL, J. *Undemocratic schooling*: equity and quality in mass secondary education in Australia. Carlton, Victoria: Melbourne University Publishing, 2003.

WELCH, A. Cultural difference and identity. In: _____ et al. (Eds.). *Education, change and society*. New York: Palgrave Macmillan, 2007. p. 155-187.

WINDLE, J. The limits of school choice: some implications for accountability of selective practices and positional competition in Australian education. *Critical Studies in Education*, v. 50, n. 3, p. 231-246, 2009.

WU, M. *Establishing school accountability based on National Testing Data*. Paper presented at the Australian Association for Research in Education Annual Meeting, University of Melbourne, Melbourne, 2010.

Experiências de governo eletrônico inclusivo como motivador da inclusão digital

Alexandre Freire da Silva Osório
Ismael M. A. Ávila
Lara Schibelsky Godoy Piccolo

O processo de urbanização digital ora em curso no Brasil demanda, além de infraestrutura técnica e suporte econômico, a oferta de serviços adequados à realidade sociocultural dos usuários do país. A fim de propor soluções efetivas de inclusão digital que considerem as várias dimensões desse processo, foi executado um projeto de pesquisa denominado Soluções de Telecomunicações para Inclusão Digital (STID),[1] financiado com recursos do Ministério das Comunicações. Esse projeto contou com parcerias acadêmicas multidisciplinares, primeiramente discutindo o conceito de inclusão digital e analisando iniciativas existentes no Brasil e em outros países selecionados, para posteriormente identificar o público brasileiro mais des-

---

1. O Projeto STID teve curso entre 2005 e 2009.

provido de ações voltadas à sua inclusão e propor novos serviços e interfaces digitais apropriados. A categoria de serviços escolhida como objeto deste estudo foi a de governo eletrônico, categoria na qual o Brasil vem perdendo posições de forma acentuada em relação ao resto do mundo, segundo o Índice de Desenvolvimento de Governo Eletrônico publicado pela ONU (ONU, 2012).

As análises realizadas dentro do projeto STID apontaram para a necessidade da criação de um modelo de interação para a construção de interfaces humano-computador que atendam às necessidades e às peculiaridades da população brasileira da maneira mais abrangente possível. Isso significa considerar que pessoas com baixa alfabetização ou com deficiências sensoriais também são potenciais usuários de serviços de governo eletrônico.

As insuficiências educacionais, ao lado das deficiências físicas e sensoriais, representam barreiras importantes ao uso de Tecnologias de Informação e Comunicação (TICs), dado que cerca de metade da população tem alfabetização insuficiente para uma utilização autônoma e desenvolta de grande parte dos conteúdos e das interfaces computacionais existentes. Segundo o Indicador Nacional de Analfabetismo Funcional (Inaf) (Instituto Paulo Montenegro, 2012), em 2011 cerca de 73% da população brasileira possuía nível incompleto de alfabetização, sendo 6% dela analfabetos absolutos, 21% com alfabetização rudimentar e 47% com habilidades compatíveis ao nível de alfabetização básica.

Experiências e iniciativas voltadas à inclusão digital de cidadãos com baixo letramento são mais escassas que as que buscam atender ao público com deficiências físicas, motoras e sensoriais, refletindo provavelmente a escala de importância que as duas modalidades de barreira têm em países desenvolvidos, nos quais a proporção de analfabetos é bastante inferior à de deficientes em geral. A desproporção, observada no Brasil, entre a magnitude do problema e os esforços na busca por soluções foi a principal motivação para que o projeto STID tenha tratado com prioridade o público formado por pessoas analfabetas, semianalfabetas e idosas, além das pessoas com deficiências sensoriais, envolvendo continuamente pessoas com esses perfis na construção de um modelo de interação (Ávila et al., 2007).

Avaliações de campo desse modelo de interação indicaram que a oferta de serviços inclusivos não só traz benefícios inerentes à qualidade de vida dos cidadãos, como também incrementa a autoestima de segmentos populacionais até então excluídos de todo e qualquer acesso à sociedade informacional. Além da possibilidade que lhes é oferecida de incorporar as TICs ao seu cotidiano, essa oferta também favorece o progresso educacional e, consequentemente, a mobilidade social desses cidadãos.

1. Foco do estudo

O foco na baixa escolaridade como fator da exclusão digital se justifica pela natureza eminentemente textual de grande parte dos conteúdos e serviços digitais hoje disponíveis. Uma comparação entre diversos países mostrou que a "baixa escolaridade" está correlacionada com uma menor penetração dos computadores e da Internet, ainda que outros fatores também tenham se mostrado relevantes. Como discutido em Ávila e Holanda (2006), o problema do analfabetismo cria "círculos viciosos" em que o baixo letramento dificulta o acesso às TICs, recrudescendo a desigualdade de oportunidades já enfrentada por essa população. Assim, é importante que as interfaces e conteúdos sejam produzidos tendo em vista a necessidade de inteligibilidade para os usuários, o que significa a adequação aos perfis culturais e linguísticos deles. Uma vez que a Internet foi inicialmente criada e mantida por pessoas com alto grau de letramento, com sua popularização evidenciou-se a existência de uma grande lacuna no atendimento desse requisito básico. Esse fato pode explicar o porquê de o motivo mais citado (por 70% dos respondentes) para uma pessoa nunca ter usado Internet no Brasil ser uma alegada falta de habilidade como o computador e/ou com a internet.[2] A falta de interesse, aliada a uma percepção de falta de necessidade de usar a Internet, motivo também citado por 70% dos respondentes, pode estar intimamente relacionada à ausência de interfaces e conteúdos próximos às realidades desses usuários.

No levantamento de trabalhos correlatos realizados no Brasil e no exterior, embora vários estudos voltados a deficientes visuais e auditivos tenham sido identificados, os resultados se mostraram mais incipientes no que diz respeito à inclusão digital de pessoas pouco escolarizadas. Das poucas implementações práticas, a maior parte tinha foco na interação com tipos específicos de interface, tais como telefones celulares, enquanto no projeto STID o objetivo foi facilitar o uso de distintas TICs, com ênfase em computadores de mesa.

2. Iniciativas internacionais: o caso da Índia

Apesar de estudos já terem sido empreendidos sobre o acesso de cidadãos analfabetos a sítios e serviços de governo eletrônico, inclusive em países desenvolvidos como a Itália (Biasiotti e Nannucci, 2006) e os Estados Unidos (Akan et al., 2006), são mais recorrentes na literatura os estudos de caso para a Índia, em geral com propostas voltadas ao acesso a oportunidades de emprego (Medhi et al., 2007a), a informações de saúde (Huenerfauth, 2002) e agrícolas (Plauché et al. 2006), ou mesmo para o letramento digital (Chand e Dey, 2006). Entre essas propostas observa-se uma ênfase no uso de interfaces baseadas em ícones, capazes não só de facilitar a comunicação entre usuários e computador, mas de substituir totalmente o uso da escrita. A opção por tal abordagem pode ser explicada pela realidade rural indiana, marcada pela combinação de altos níveis de analfabetismo pleno com

---

2. A porcentagem de usuários de Internet no Brasil é de cerca de 51% da população, segundo pesquisa do Comitê Gestor da Internet no Brasil (CGI, 2014).

elevado multilinguismo, o que torna demasiado complexa a oferta, em âmbito nacional, de serviços em interfaces computacionais baseadas em texto.

Contudo, apesar de tanto a Índia quanto o Brasil serem países emergentes que ainda enfrentam o desafio de vencer o analfabetismo, adotar para o Brasil soluções especificamente concebidas para o cenário indiano pareceu inadequado, sobretudo diante das consideráveis diferenças em relação ao contexto brasileiro, caracterizado muito mais por elevados níveis de analfabetismo funcional, em que grande parte da população dita iletrada teve alguma escolarização, embora em geral incompleta. Além disso, a despeito das várias dezenas de línguas indígenas existentes no Brasil, nossa situação não se compara ao extremo multilinguismo da Índia, onde várias centenas de línguas são usadas localmente e duas dezenas têm *status* oficial, seja regionalmente, seja nacionalmente. No Brasil, a barreira linguística mais efetiva para a inclusão digital da população está na desigualdade no domínio da norma culta da língua oficial, a mesma de que o Estado se vale para comunicar-se com seus cidadãos (ver, por exemplo, Martins e Filgueiras, 2007).

Muito embora as experiências localizadas na Índia não possam ser integralmente transpostas para o cenário brasileiro, algumas delas sustentam parte das decisões tomadas e soluções encontradas no Projeto STID, como, por exemplo, a de apostar no uso de apoios icônicos em interfaces para pessoas com baixo letramento. Assim, a título de exemplo, uma implementação de interface sem textos (baseada em ícones), descrita em Medhi et al. (2007a), objetivou facilitar a busca, por parte de mulheres analfabetas da Índia rural, de empregos adequados às suas habilidades profissionais e expectativas de remuneração. Os mesmos autores estudaram a melhor forma de representar diferentes conceitos para usuários analfabetos ou semianalfabetos, fazendo uso de elementos audiovisuais (Medhi et al., 2007b) e comparando a inteligibilidade de dez tipos diferentes de representações — texto, desenho estático, foto, animações feitas à mão e vídeo, cada uma também com descrição por voz.

3. A construção do modelo de interação

No contexto das TICs, é essencial evitar que o baixo letramento, as dificuldades sensoriais e as especificidades cognitivas resultantes da pouca experiência com aparatos tecnológicos tornem-se obstáculos intransponíveis em razão da mera inadequação das interfaces dessas TICs e dos conteúdos por elas mediados. Nesse sentido, o estudo da usabilidade, termo comumente associado aos aspectos de aprendizado e uso de uma interface de usuário com eficiência, eficácia e satisfação (ISO, 2007), deve tratar das barreiras de acesso relacionadas às particularidades psicológicas e cognitivas de um indivíduo.

A acessibilidade, por sua vez, é a característica de uma TIC que trata das barreiras de acesso relacionadas às limitações físicas, sensoriais e motoras de um indivíduo. A acessibilidade de uma interface assegura o acesso a um sistema, ou seja, que todos os usuários sejam capazes de utilizar o sistema com autonomia.

Segundo Ávila, Ogushi e Bonadia (2006), garantir a usabilidade e a acessibilidade de uma TIC ainda não garante a apropriação da tecnologia pelo indivíduo. É necessário também garantir a inteligibilidade, que é a adequação dos conteúdos e das interfaces aos perfis culturais e linguísticos, associados ao nível de letramento de cada usuário. Nesse contexto, nível de letramento se refere aos níveis de domínio formal da língua materna (português em suas diversas variantes regionais), em particular da norma culta da língua, na qual são produzidos quase todos os conteúdos referentes a serviços de governo e cidadania. A isso se devem juntar os níveis de letramento em Braile e Libras, nos casos dos deficientes visuais e dos auditivos, respectivamente, e também destes últimos em relação à língua portuguesa, quando se trata de surdos oralizados. Nessa adequação de conteúdo são considerados, também, aspectos de ergonomia cognitiva, que correspondem aos modelos mentais e às estratégias de memorização e abstração empregadas pelo público-alvo da interface para vencer a barreira que sua condição impõe à interação com os conteúdos digitais disponíveis na Internet.

A análise de iniciativas de inclusão digital descritas na literatura e a investigação de diferentes iniciativas, governamentais ou não, no Brasil e no exterior, resultaram na construção de uma visão de inclusão digital em diversos níveis hierárquicos, como ilustrada na Figura 1 (Ávila, Ogushi e Bonadia, 2006; Ávila e Holanda, 2006; Tambascia, 2006). Esse entendimento dos conceitos de usabilidade, acessibilidade e inteligibilidade foram transpostos para o modelo de níveis para a inclusão digital (conforme ilustrado na Figura 1), e que permitiu definir melhor as diretrizes a serem seguidas para tornar interfaces e serviços mais adequados à população excluída, como descrito a seguir. Os três primeiros níveis representam as barreiras a serem vencidas para que a inclusão digital seja plena.

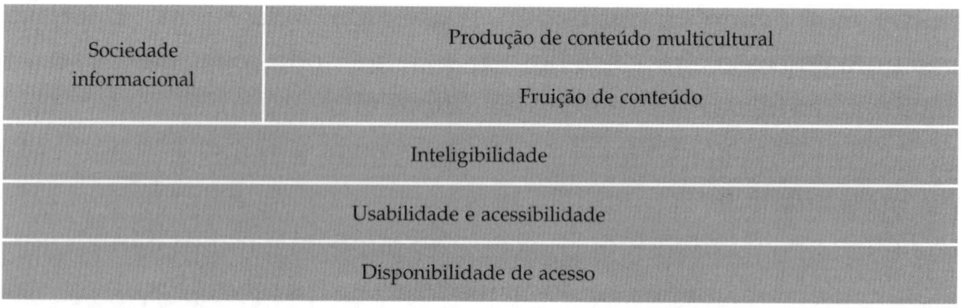

Sociedade informacional	Produção de conteúdo multicultural
	Fruição de conteúdo
Inteligibilidade	
Usabilidade e acessibilidade	
Disponibilidade de acesso	

Figura 1. Taxonomia da inclusão digital

O primeiro nível refere-se à *disponibilidade de acesso* aos meios físicos, infraestruturais, computacionais e de rede necessários à consecução do objetivo da inclusão digital. Esse nível é considerado o foco principal da maioria dos projetos que se propõem a incluir digitalmente os cidadãos, e tem sido alvo de investimentos e iniciativas governamentais.

Resolvidas essas questões majoritariamente técnicas, surgem novas barreiras, associadas a *usabilidade e acessibilidade*. Esse nível representa as especificidades cognitivas, físicas, motoras e psicológicas dos potenciais usuários. Para atender a essa diversidade, é necessário considerar os aspectos de usabilidade que tornam as interfaces e as relações humano-computador mais amigáveis e eficientes, assim como fazer uso de tecnologias assistivas e de outros artefatos que promovam a acessibilidade à tecnologia. Os programas institucionais e sociais de apoio aos usuários com deficiência também são considerados fundamentais nesse nível.

A terceira barreira, de *inteligibilidade*, representa uma necessidade bem evidenciada pelas características da população brasileira de tratar a adequação dos conteúdos e das interfaces ao perfil cultural e linguístico de cada comunidade de usuários. Essa adequação inclui tanto a natureza dos conteúdos, isto é, a existência de informações relevantes ao contexto de cada usuário, quanto a adequação desses conteúdos à língua do usuário.

Equacionadas as limitações impostas pelos três níveis de barreiras, faculta-se aos indivíduos a plena participação na *sociedade informacional*, representada pelo quarto nível da Figura 1. Iniciativas de inclusão que alcançam essa condição possibilitam ainda dois níveis de participação, a fruição plena dos conteúdos já culturalmente contextualizados e, em alguns casos, a produção de conteúdo até mesmo sob uma perspectiva multicultural.

Dessa forma, entende-se que o cidadão pode exercer mais plenamente sua cidadania, fazendo uso de serviços públicos, de capacitação (ensino a distância), de saúde e de informação. Isso pode, como consequência, ampliar sua capacidade de comunicação, habilitando-o a usufruir de conteúdos locais e globais. Com isso, há um aumento da base de conhecimento individual e coletiva, que permite reforçar as identidades culturais (Ávila e Holanda, 2006). Ou seja, o benefício individual é expandido para a sociedade.

Com base nessa conceituação de inclusão digital, para ir além da barreira de disponibilidade de acesso é necessário lidar com as questões associadas às necessidades e habilidades cognitivas, físicas, motoras e psicológicas individuais para uso da tecnologia. Fatores esses relacionados com os níveis de usabilidade, acessibilidade e inteligibilidade.

4. Peculiaridades do público-alvo do Projeto STID

À semelhança do que frequentemente ocorre com deficientes sensoriais, o analfabetismo também implica limitações graves, diminuindo a autonomia dos indivíduos perante a vida. Apesar dessa semelhança, os analfabetos, diferentemente de boa parte dos deficientes sensoriais, são seres socialmente invisíveis e totalmente desmobilizados. Por essa razão, embora existindo para as estatísticas oficiais, esse contingente da população não tem voz ativa para defender seus interesses e pleitear políticas que minimizem suas limitações, como, por exemplo, a adoção, em sítios de governo eletrônico, de uma linguagem simplificada (em inglês, *plain language*) que se aproxime da linguagem mais usual para esse segmento da população. Em contraste, podem-se citar várias conquistas de grupos de defesa dos deficientes visuais, no que se refere, por exemplo, às exigências de adequações de acessibilidade para fazer com que as páginas de Internet possam ser interpretadas por leitores de tela. Cabe aqui salientar que essa invisibilidade e essa desmobilização dos analfabetos trouxeram também dificuldades na sua localização e engajamento (não foi encontrada nenhuma associação de defesa dos direitos dos analfabetos) para participar das atividades do projeto STID.

Em relação aos deficientes auditivos e surdos, observou-se que há uma diversificação na forma de comunicação que deve ser contemplada nas soluções: há os deficientes auditivos que se comunicam exclusivamente na língua portuguesa, oral e escrita. Entre eles se enquadram os chamados surdos oralizados. O grau de compreensão da língua portuguesa pode variar bastante entre esses indivíduos. Há também os surdos que se comunicam exclusivamente em Libras, que é uma língua diferente do português, com vocabulário específico e regras gramaticais exclusivas. Já os surdos bilíngues, que se comunicam em Libras mas que têm compreensão da língua portuguesa, escrita ou oral, utilizam simultaneamente todos os recursos multimodais oferecidos — vídeos em Libras, movimento labial, textos. Para esse público, a consistência nessa forma multimodal de comunicação é fundamental. E, finalmente, há casos de surdos sem conhecimento de Libras nem português. Para estes, a comunicação se dá por meio de sinais próprios, convencionados dentro do espaço social em que convivem — uma combinação particular de gestos, imagens e leitura labial. Para essas pessoas, a comunicação com Libras e/ou português é ineficaz, e é possível que essas pessoas demandem apoio de atendentes ou familiares para a plena compreensão do conteúdo do projeto. Uma iconografia adequada pode ajudar esse grupo de pessoas. Estas considerações sugerem que o tratamento da acessibilidade por pessoas com deficiência auditiva e surdos contemple soluções redundantes e sincronizadas, como o caso de vídeos com dramatizações, acompanhadas da interpretação em Libras.

As necessidades dos deficientes visuais estão mais bem equacionadas em termos de disponibilidade de ferramentas assistivas, se comparadas com os deficientes auditivos e surdos. No entanto, o usuário com deficiência visual sem experiência com computadores não conhece o teclado, muito menos as nuances da navegação por meio de leitores de tela. Por esse motivo, a navegação por meio das teclas TAB e ENTER também deve ser simplificada sempre que possível. É importante para esse público que ele tenha conhecimento de que está usando a mesma interface gráfica que os demais usuários. Por isso, a apresentação da interface, que é percebida e comentada pelas pessoas que estão ao seu entorno, deve ter a mesma importância para esse público. Da mesma maneira, a descrição verbalizada das imagens usadas na apresentação — o que pode ser conseguido com um conversor texto-fala — é fundamental para completar a experiência de interação.

5. Diretrizes para construção de interações acessíveis

Tidas como premissas na definição no modelo de interação, essas diretrizes têm por objetivo guiar o processo de pesquisa e identificação de soluções, considerando:

- A autonomia incremental do usuário. A inclusão digital do público-alvo em questão deve ocorrer de forma gradual, com a paulatina superação das barreiras psicológicas e sociais em relação às TICs em seu contexto de uso, seguida pela gradativa aquisição de habilidades e modelos mentais necessários à sua utilização (de início com recurso a guias virtuais, apoio de usuários mais experientes ou monitores), para que, por fim, cada novo usuário se torne proficiente no uso dos serviços. No entanto, é importante que o usuário sempre conclua a tarefa na sua primeira utilização, de forma a se sentir satisfeito e autoconfiante.

- O *design* universal como meta, a fim de buscar a concepção de uma mesma interface de usuário para todos os usuários, incluindo analfabetos e pessoas com deficiência.

- O uso de interfaces ajustáveis. Dentro da abordagem do *design* universal, a interface deverá poder ser ajustada de acordo com cada um dos perfis de usuário parte do público-alvo definido, sempre que necessário para aprimorar a usabilidade de cada um.

- A incorporação de modelos mentais conhecidos. O estudo contempla identificar e incorporar os modelos mentais de uso de outras tecnologias mais comuns entre o público-alvo, tais como rádio, TV, urna eletrônica, telefone fixo ou celular.

- A possibilidade de extrapolar o modelo mental desenvolvido. O modelo mental criado na interação deve poder ser extrapolado para outros serviços e contextos, servindo como porta de entrada para o cidadão na sociedade informacional.

- A adequação às normas de acessibilidade em vigor, de tal forma que seja possível incorporar novas tecnologias assistivas na interação.

- O envolvimento do público-alvo durante todo o processo de desenvolvimento de forma a identificar suas habilidades e necessidades e avaliar a transposição desse conhecimento para o modelo de interação.

6. O envolvimento do usuário

Representantes do público-alvo do STID participaram do processo de desenvolvimento do modelo de interação em oficinas de *design* participativo, testes e avaliações, tenham sido elas realizadas pelas parcerias acadêmicas do projeto (Hayashi et al., 2009; Filgueiras et al., 2009; Braga et al., 2008b), em telecentros, ou no laboratório de usabilidade do CPqD.

Pesquisas em campo permitiram um mapeamento do perfil sociotécnico dos usuários e da relação deles com outros tipos de tecnologias. Esse levantamento culminou na formação de arquétipos de usuários chamados de *personas*, que ajudam o projetista de interface na construção de uma solução de interação de uma maneira menos abstrata (Filgueiras et al., 2009). A Figura 2 ilustra algumas dessas *personas* criadas.

Dona Lulu — 49 anos, costureira, divorciada.
Perdeu a visão por retinose pigmentar recentemente.
Estudou até a 8ª série. Quer se aposentar por invalidez.

Seu Biu (Severino) — 63 anos, agricultor, viúvo.
Foi matriculado na escola, mas largou porque não conseguia aprender nada. Está tentando obter sua aposentadoria como trabalhador rural.

Figura 2 Exemplos de *personas* criadas para o modelo de interação

Outra frente de trabalho em campo resultou na concepção e criação dos ícones da interface. Em tese, ícones podem ser um recurso efetivo na facilitação da compreensão de textos pelos usuários, pois sua interpretação não pressupõe escolarização ou proficiência na linguagem escrita, mas sim uma experiência com o mundo concreto, algo que os usuários menos escolarizados acumulam ao longo de suas vidas. Todavia, nem sempre as vivências concretas são suficientes para a apreensão de conceitos mais abstratos e arbitrários, muito comuns em serviços de governo, como os que foram objeto do projeto. E nada garante que todos os usuários de uma interface tenham compartilhado um mesmo conjunto de experiências com o mundo concreto, de modo a garantir uma convergência de sentido na interpretação dos ícones ali utilizados.

Mesmo assim, o uso de ícones no lugar de textos escritos pode aumentar a inteligibilidade dos conteúdos apresentados e facilitar as inferências feitas pelos usuários iletrados. Mas a busca por ícones perfeitos é uma empreitada inócua, visto que a inteligibilidade dos ícones depende essencialmente das experiências anteriores de cada indivíduo, e o que parece "perfeito" para um pode ser inadequado ou insuficiente para outro. Ou seja, os ícones podem ampliar o escopo de leitores, mas não oferecem garantias para interpretações adequadas.

Apesar desse caráter individual da interpretação icônica, pode ser válida uma busca por ícones cuja interpretação dependa de vivências mais ordinárias e cotidianas (menos particularizadas) por parte do público ao qual a aplicação se destina. Nesse sentido, a identificação das imagens mais adequadas ao contexto ou ao domínio específico de serviços de governo foi, sempre que possível, fundamentada em dados colhidos em campo, com base em estudos etnográficos e ensaios com usuários representativos da população-alvo, realizados em diferentes localidades do país, com o propósito de identificar elementos representativos de determinadas situações e preferências que facilitam a interpretação das imagens pelo usuário, como descritos em Ávila e Gudwin (2009). Foi também realizada uma dinâmica participativa de desenho de ícones com sujeitos representativos do público-alvo (Figura 3). O grupo em questão tinha idades entre 20 e 70 anos, níveis de letramento que iam do analfabetismo pleno ao funcional, além de deficiências sensoriais que incluíam surdez. A dinâmica foi realizada em três fases, a primeira individual, a segunda em grupo e a última com a ajuda de um desenhista. Isso permitiu atingir resultados de síntese sem abrir mão das contribuições individuais de cada participante, sobretudo levando-se em conta que alguns sujeitos poderiam ter hesitado em contribuir se a dinâmica tivesse sido coletiva desde seu início.

Os sujeitos participaram assim diretamente na concepção de um conjunto de ícones. A atividade tratou de temas de interesse do projeto e permitiu identificar, com razoável clareza, certos elementos-chave para a elaboração de ícones adequados aos temas de saúde e de previdência. Além disso, a metodologia empregada permitiu distinguir tendências de interpretação icônica por faixa etária dos participantes e por tipo de deficiência (especificamente a auditiva). A atividade confirmou a importância de considerar as vivências dos usuários para criar ícones efetivamente inteligíveis e deu uma direção para a produção de ícones para os serviços de governo citados. As observações realizadas durante a atividade deram aos pesquisadores inúmeros elementos e pistas dos processos interpretativos envolvidos na criação de ícones a partir de temas propostos. Foi possível observar de que modo as experiências individuais de cada um dos participantes foram determinantes dos tipos de desenhos feitos e dos elementos neles presentes. Esse foi um passo necessário na direção de produzir imagens que, apoiadas em experiências individuais dos vários envolvidos nessa dinâmica, sintetizassem aquelas características icônicas cuja interpretação fosse menos sujeita às idiossincrasias de cada participante individualmente. Observou-se, também, que os participantes demonstraram satisfação em poder contribuir para o projeto com ideias e esboços.

A estratégia de aumento da inteligibilidade dos serviços de governo eletrônico por meio de apoios icônicos foi ampliada ainda mais, como descrito em (Ávila et al., 2009), a fim de traduzir algumas das informações de mais difícil compreensão para usuários com baixo letramento. Esse foi especificamente o caso no serviço da Previdência Social, no qual se mostrou necessário descrever, de forma mais inteligível, as várias modalidades possíveis de aposentadoria, informando seus pré-requisitos e as situações às quais elas se aplicam. A solução encontrada foi então criar personagens que representassem de forma icônica as principais categorias de benefícios da previdência, refletindo aquelas características sociodemográficas mais frequentes entre os beneficiários dessas categorias.

Essas representações se valeram de dados históricos do serviço de previdência social no Brasil, que mostram que as várias modalidades de benefício e de aposentadoria são solicitadas por tipos bem específicos de usuários. Alguns benefícios são concedidos majoritariamente a homens, outros a mulheres, alguns são mais comuns nas áreas rurais, outros nas cidades. Assim, a partir de dados do Regime Geral de Previdência Social, a análise buscou as correlações estatisticamente mais prováveis entre as 16 combinações possíveis de tipos de usuário e modalidades de benefício. Por exemplo, os dados históricos indicam que, em 2006, 91% das aposentadorias no contexto rural foram concedidas por idade, 8% foram obtidas por invalidez e somente 1% foi conseguido por tempo de contribuição. E das aposentadorias por idade, as mulheres responderam por 58% dos beneficiários, enquanto 71% das aposentadorias por invalidez foram concedidas a homens. Os dados também indicam que, no contexto urbano, 70% das aposentadorias por tempo de contribuição e 60% das por invalidez foram concedidas a homens, enquanto as mulheres representaram 64% das aposentadorias por idade.

Diante desses números, foram atribuídas personagens femininas às aposentadorias por idade (rural e urbana) e masculinas para as outras modalidades. Essas personagens foram, de resto, desenhadas com idades compatíveis com cada modalidade de aposentadoria. Seus tipos físicos foram escolhidos para representar a diversidade étnica da população brasileira, e suas indumentárias tentaram reproduzir trajes comuns nos contextos urbano ou rural.

Por outro lado, estudos feitos durante o Projeto STID sobre o tipo mais adequado de linguagem para esse público-alvo (Braga et al., 2008a e 2008b) mostraram que entre os fatores que favorecem o entendimento estão: (i) a proximidade das informações com relação à realidade cotidiana do usuário e (ii) a reprodução das dinâmicas da comunicação oral à qual esse público está habituado, como, por exemplo, a comunicação com outros usuários do serviço quando se encontram nas filas de espera dos serviços públicos. Em vista disso, para tornar a interface mais próxima da realidade dos usuários, a disposição final das personas na interface web foi feita na forma de uma fila de espera em frente a um posto de atendimento do INSS, conforme ilustrado na Figura 3. A proposta considera o modelo mental de que as pessoas recebem instruções sobre o procedimento que buscam em um serviço na própria fila, auxiliadas por pessoas que já passaram por situações semelhantes. O aspecto lúdico e a linguagem adequada da interface auxiliam o usuário a identificar qual seria o seu tipo de aposentadoria e, desse modo, a encontrar as informações sobre que condições ele deve cumprir para fazer jus àquele benefício e quais documentos deve levar ao posto de atendimento para dar entrada a seu pedido. A personagem selecionada narra ao usuário, em texto e em áudio, a sua história de vida, de forma a facilitar ao usuário uma possível identificação de seu caso com aquele representado pela personagem. E para reforçar o aspecto icônico da solução, cada personagem tem timbre de voz compatível com o tipo físico representado.

Figura 3 Fila de personagens representativas dos tipos de aposentadoria

Assim, como exemplos de decisões de projeto decorrentes das dinâmicas participativas de produção de ícones, podem-se citar:

- Ícones baseados em desenhos são mais indicados em referências a conceitos gerais como "pediatra" ou "remédio", enquanto ilustrações baseadas em fotos são indicadas para "casos particulares" ou "individualizados", como "Dr. Fábio", certo tipo de medicamento, ou um determinado posto de saúde.

- Os tipos físicos representados nos desenhos dos ícones devem refletir, tanto quanto possível, os casos mais frequentes no universo vivencial do público-alvo. Se no Brasil a grande maioria dos médicos cardiologistas é formada por homens brancos e de meia idade, e a especialidade pediátrica em postos de saúde costuma estar a cargo de mulheres; ícones que reflitam essas tendências (Figura 4) tornam-se mais eficazes.

Figura 4
Ícone de cardiologista resultante de dinâmicas com usuários

- Os ícones devem conter elementos que facilitem sua identificação pelos usuários, como "estetoscópio" no caso de médicos, "medidor de pressão" no caso de clínico geral, "cuspideira" no caso do dentista.

- O conjunto de ícones na interface deve ser ao mesmo tempo homogêneo do ponto de vista estético, mas preservar diferenças detectáveis pelos usuários, o que implica um tamanho mínimo.

Por fim, as soluções de interface e interação que resultaram das etapas anteriores foram avaliadas não só no laboratório de usabilidade do CPqD, mas também em campo, em telecentros participantes do Projeto.

7. Incorporação de ferramentas assistivas

A fim de atender às necessidades de todos os perfis de usuário, foram incorporadas às soluções algumas ferramentas assistivas que permitem o acesso às interfaces pelos deficientes auditivos, visuais e pessoas com baixa alfabetização.

Para as pessoas com baixa alfabetização, utilizam-se, ao máximo, recursos iconográficos e multimídia. Todo o texto presente na interface é verbalizado por um *software*, que faz a síntese dinâmica com uma voz humana de alta qualidade, chamado CPqD Texto Fala. De maneira complementar, todo texto que é verbalizado faz referência às imagens presentes na interface.

Para atender às necessidades dos deficientes auditivos alfabetizados em Libras e/ou com alfabetização rudimentar em português, incorporou-se o uso de um avatar (Figura 5) que apresenta o equivalente em Libras para todo o texto que é parte da interface, respeitando a gramática dessa língua. Esse avatar foi adaptado para as necessidades do projeto STID a partir de uma versão comercial.

Figura 5
Avatar Libras

O avatar Libras deve oferecer opções para controle da velocidade da gesticulação, além de opções para pausa e repetição. Sempre que possível, o avatar apresenta o texto equivalente em português sincronizado com Libras. Essa representação pode contribuir com o aprendizado de pessoas alfabetizadas em português que estão aprendendo Libras e vice-versa.

Além disso, conteúdos mais extensos, assim como as ajudas contextualizadas, são apresentados em audiovisuais inclusivos, com a presença de um intérprete de Libras, que ilustra um vídeo de ajuda.

Para atender ao deficiente visual, optou-se por não usar a mesma verbalização automática dos textos usada para os analfabetos, possibilitando que o usuário não experiente aprenda a interagir com o uso de um *software* leitor de telas padrão e que, dessa forma, possa utilizar esse mesmo conceito em outras interfaces. Em campo, optou-se pelo uso do CPqD Leitor de Telas, que é um leitor de telas padrão, simples de ser operado mesmo pelas pessoas com pouca experiência no uso das TICs.

Os deficientes visuais parciais (baixa visão) podem fazer uso da interface padrão, seja com ampliação da fonte e aumento do contraste de cores, ou mesmo utilizando alguma ferramenta assistiva especializada.

8. Provas de conceito

O modelo de interação foi aplicado em dois serviços de governo eletrônico considerados estratégicos em termos de apelo e retorno ao público-alvo: um no âmbito de saúde e outro relacionado à previdência social. Ambos os serviços foram instalados em telecentros públicos, em parceria com as prefeituras de Bastos e Santo Antônio de Posse, no estado de São Paulo.

Em cada telecentro havia um monitor treinado para receber e capacitar minimamente o público-alvo. Em sua primeira visita, o usuário era cadastrado em um mecanismo de reconhecimento facial e associado a um perfil da interface: a padrão, que inclui usuários analfabetos; e a interface para cegos e para surdos. Feito o reconhecimento facial do usuário como forma de autenticação, a interface adequada é aberta para ele, identificando-o pelo nome. Dessa maneira, os cidadãos têm as condições plenas de acesso aos serviços Inclua Saúde e Previdência Fácil, detalhados a seguir.

9. Inclua Saúde

O objetivo do Inclua Saúde é disponibilizar aos usuários da rede pública municipal de saúde um serviço eletrônico com as seguintes funcionalidades: agendamento prévio de consultas médicas, disponíveis no nível da atenção básica à saúde; e a disponibilização de dicas e informações de saúde de interesse local ou nacional.

A disponibilização de recursos para realização do agendamento prévio de atendimentos atende a uma carência comumente presente na grande maioria das Unidades de Atendimento Básico de Saúde do país, ou seja, os usuários são atendidos segundo sua ordem de chegada e a urgência do caso. Esse tipo de atendimento resulta frequentemente na baixa qualidade do serviço prestado, uma vez que os usuários têm de enfrentar grandes filas de espera. A possibilidade de agendamento pelos próprios usuários, ainda que restrita a alguns tipos de consulta, proporciona a melhoria da qualidade do atendimento não somente por se constituir em um canal ágil de acesso, mas também por viabilizar uma melhor estruturação operacional dos quadros de atendimento nas Unidades de Atenção Básica. A Figura 6 ilustra a tela de uma das etapas da tarefa de marcação de consulta, que é a escolha da hora da consulta.

Figura 6
Tela de marcação de consulta do Inclua Saúde

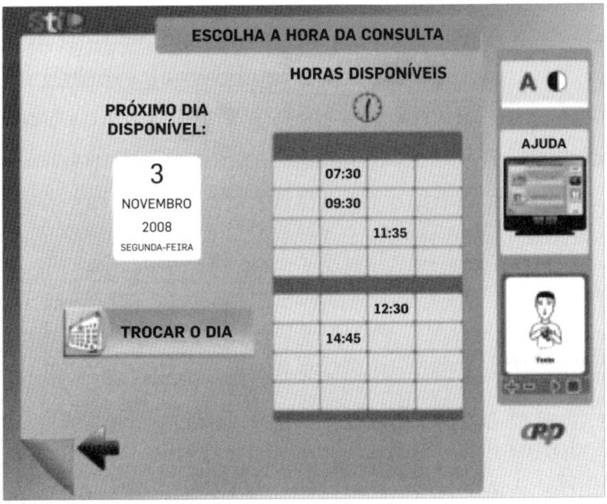

O Inclua Saúde também oferece um novo canal de obtenção de informações da área da saúde pública que pode contribuir para promover a maior autonomia do usuário nas questões que envolvem prevenção e agilidade no uso do serviço de saúde, permitindo aos cidadãos conhecerem melhor seus direitos e os serviços. Nesse caso, são utilizados conteúdos audiovisuais inclusivos, disponibilizados por agentes de saúde do município e disparados sob demanda pelos usuários.

10. Previdência Fácil

Dada a relevância do serviço de Previdência Social no Brasil, o serviço de previdência foi definido como prioritário para o desenvolvimento de uma prova de conceito do modelo de interação. Ele pretende minimizar as idas do trabalhador aos postos da Previdência Social, disponíveis somente em 20% dos municípios brasileiros (Pataca et al., 2007).

O serviço, concebido para ser acessado em telecentros públicos, provê ao usuário informações necessárias sobre como pedir aposentadorias rurais e urbanas por idade, invalidez e tempo de serviço. Embora essas informações possam ser obtidas no sítio da Previdência Social, a excessiva formalidade da linguagem ali empregada mostra-se bastante distante da linguagem cotidiana do público a que o conteúdo se destina. Isso impõe uma barreira para grande parte dos usuários. A esse respeito, um estudo de Martins e Filgueiras (2007) em uma amostra de 34 textos extraídos de diversos sítios de governo eletrônico quantificou essa discrepância entre o nível de escolaridade exigido por textos típicos de sítios de governo e a escolaridade média da população brasileira. Enquanto a média de escolaridade situa-se em torno dos sete anos de estudo, os sítios de governo avaliados exigiam um domínio da linguagem compatível com mais de 14 anos de escolaridade, conforme ilustrado nas Figuras 7 e 8:

Figura 7

Anos de escolaridade da população brasileira (Martins e Filgueiras, 2007)

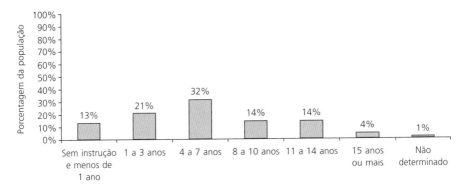

Figura 8

Estimativa da escolaridade exigida pelos conteúdos de 34 sítios de governo eletrônico (adaptado de Martins e Filgueiras, 2007)

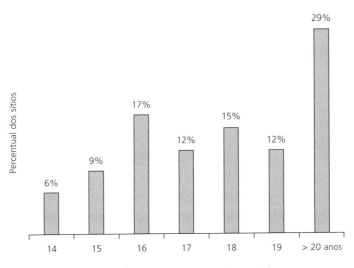

Nesse sentido, uma readequação desse conteúdo é essencial para que o cidadão possa usufruir dessas informações. Esse esforço envolveu não só o uso de uma linguagem mais simples, mas também o recurso de apoios icônicos aos conteúdos. A Figura 9, a seguir, ilustra uma das telas de navegação do serviço Previdência Fácil.

Figura 9
Tela de navegação do Previdência Fácil

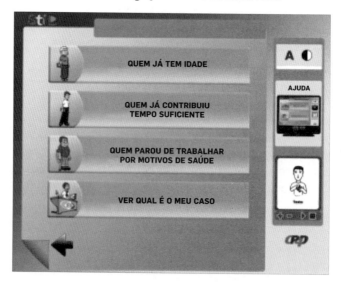

11. Conclusões

O estudo mostrou a importância de envolver o público-alvo na identificação de elementos que melhoram as representações icônicas das áreas de conhecimento de que tratam os serviços de governo eletrônico. Esse envolvimento enriqueceu os desenhos com elementos que reduziram a ambiguidade e aumentaram a eficácia dos ícones.

Os dados colhidos mostraram a importância da participação de pessoas de diversas faixas etárias, uma vez que permitiu identificar ideias e percepções diferentes em torno dos temas propostos para a elaboração dos ícones, como já citado.

Os ícones resultantes do estudo já vêm sendo usados em campo, no contexto das interfaces finais dos dois serviços de e-gov, nas quais eles têm um tamanho suficiente para facilitar a identificação dos elementos e estão associados a rótulos textuais explicativos. Eles em geral indicam botões de opções de navegação ou de ação (por exemplo, escolha de uma especialidade médica) e têm sido entendidos por usuários com variados níveis de letramento. Confirmou-se que a redundância da associação de ícones e textos produz um efeito de reforço, conforme discutido em Ávila e Gudwin (2009) e Ávila e Costa, (2009a). Isso significa que os ícones cumprem a função de facilitar o entendimento e a navegação por usuários com limitadas habilidades de leitura, sem eliminar conteúdos textuais. Esse resultado respalda assim a decisão de, levando em conta os níveis de letramento predominantes no Brasil, produzir interfaces mais inteligíveis, mas que não prescindam da linguagem escrita, diferentemente, como discutido, das soluções de inclusão de analfabetos na Índia, por exemplo.

Os resultados sugerem que o uso de artefatos, como a fila de personagens para tornar a interface e o modelo de interação mais próximos da realidade cotidiana dos usuários, é eficaz para vários segmentos de público que hoje enfrentam barreiras na interação baseada no paradigma de interface ainda hoje predominante na web.

Por fim, é importante frisar que os ícones foram sendo construídos e aperfeiçoados através dos ensaios e, nestes, a participação do público-alvo mostrou-se fundamental. O recurso do desenho participativo somou-se a outras metodologias utilizadas nas demais etapas do estudo, como a que avaliou a interação de ícones com textos. Os resultados atestaram assim a importância dos ensaios de campo e das dinâmicas com o público-alvo a fim de obter informações que permitissem compreender como criar interfaces mais adequadas e inteligíveis aos usuários.

Resultados qualitativos das avaliações em campo do modelo de interação proposto apontam para direções promissoras em relação ao uso e à apropriação de serviços inclusivos de governo eletrônico. O principal retorno é manifestado pelo aumento da autoestima de usuários que nunca se imaginaram como usuários de uma TIC, e pelo interesse dessas pessoas em expandir a sua experiência.

Referências

AKAN, K. D. et al. e-Screening: developing an electronic screening tool for rural primary care. *Systems and Information Engineering Design Symposium*, IEEE, p. 212-215, 2006.

ÁVILA, I.; HOLANDA, G. Inclusão digital no Brasil: uma perspectiva sociotécnica. In: SOUTO, Átila A.; DALL'ANTONIA, Juliano C.; HOLANDA, Giovanni M. de. (Orgs.). *As cidades digitais no mapa do Brasil*. Brasília: Ministérios das Comunicações, 2006. v. 1, p. 13-60.

_____; OGUSHI, C.; BONADIA, G. Modelagem de uso. Relatório do Projeto Soluções de Telecomunicações para a Inclusão Digital (STID). *CPqD-Funttel*, 2006. Disponível em: <www.cpqd.com.br/site/ContentView.php?cd=2945>.

_____ et al. Interaction models for digital inclusion of low-literacy, aged and impaired users in Brazil. Workshop on Perspectives, Challenges and Opportunities for Human-Computer Interaction in Latin America, Rio de Janeiro. *Proceedings of CLIHC*, 2007.

_____; GUDWIN, R. Icons as helpers in the interaction of illiterate users with computers. In: IADIS INTERNATIONAL CONFERENCE, IHCI2009, Carvoeiro, Portugal, 2009.

_____ et al. Personas como facilitadoras da interação com serviços de governo eletrônico. In: LATIN AMERICAN CONFERENCE ON HUMAN-COMPUTER INTERACTION, Mérida. *Proceedings of the Latin American Conference on Human-Computer Interaction CLIHC*, 2009.

ÁVILA, I.; COSTA, R. G. Ícones como facilitadores da interação de usuários iletrados com interfaces computacionais. *Cadernos CPqD Tecnologia*, v. 3, p. 15-36, 2009a.

_____; _____. Desenho participativo de ícones para interfaces computacionais voltadas a usuários analfabetos. In: CONGRESSO REGIONAL DE DESIGN DE INTERAÇÃO, 1., *Anais...*, Interaction South America 9, São Paulo, 2009b.

BARANAUSKAS, C.; SOUZA, C. Desafio 4: acesso participativo e universal do cidadão brasileiro ao conhecimento. *Computação Brasil*, ano VII, n. 23, 2006.

BIASIOTTI, M. A.; NANNUCCI, R. Converting on-line public legal information into knowledge: "ABC del diritto" an italian e-government citizen-oriented service. In: dg.o '06: *Proceedings of the 2006 international conference on Digital Government Research*. New York: ACM, [s.d.], p. 62-66.

BRAGA, D. et al. *Novas linguagens e modelos de interação*: competências de interação, leitura e escrita em ambiente virtual. Relatório interno para o Projeto STID. Instituto de Estudos da Linguagem da Unicamp, Campinas, 2008a.

_____ et al. *Novas linguagens e modelos de interação*: entregável 4. Avaliação de Protótipos. Projeto STID. Instituto de Estudos da Linguagem da Unicamp, Campinas, 2008b.

BRASIL. Casa Civil da Presidência da República. Decreto n. 5.296, de 2 de dezembro de 2004. Disponível em: <https://www.planalto.gov.br/ccivil_03/_Ato2004-2006/2004/Decreto/D5296.htm>. Acesso em: 17 dez. 2006.

CHAND, A.; DEY, A. K. Jadoo: a paper user interface for users unfamiliar with computers. In: *CHI '06*: CHI '06 extended abstracts on human factors in computing systems. New York: ACM Press, 2006. p. 1625-1630.

COMITÊ GESTOR DA INTERNET NO BRASIL (CGI). *Pesquisa sobre o uso das tecnologias da informação e comunicação no Brasil*: TIC domicílios e empresas, 2013. Coordenação executiva e editorial de Alexandre F. Barbosa. São Paulo, 2014. Disponível em: <http://www.cetic.br/publicacoes/>. Acesso em: 24 abr. 2015.

FILGUEIRAS L. et al. *Personas para caracterização da experiência de uso de tecnologia pela população digitalmente excluída*. Workshop UAI (Usabilidade, Acessibilidade e Inteligibilidade), 2009. Disponível em: <www.cpqd.com.br/file.upload/1749021822/resultados_workshop_uai.pdf>. Acesso em: 18 maio 2009.

HAYASHI, E. et al. *Avaliando a qualidade afetiva de sistemas computacionais interativos no cenário brasileiro*. Workshop UAI (Usabilidade, Acessibilidade e Inteligibilidade), 2009. Disponível em: <www.cpqd.com.br/file.upload/1749021822/resultados_workshop_uai.pdf>. Acesso em: 18 maio 2009.

HUENERFAUTH, M.P. Design approaches for developing user-interfaces accessible to illiterate users. Intelligent and Situation-Aware Media and Presentations Workshop. *Eighteenth National Conf. on Artificial Intelligence* (AAAI-02), 2002.

INSTITUTO PAULO MONTENEGRO. *7º Indicador Nacional de Analfabetismo Funcional*. Disponível em: <www.ipm.org.br>. Acesso em: 25 abr. 2015.

ISO 9241. Disponível em: <www.iso.org>. 2007.

MARTINS, S.; FILGUEIRAS, L. Métodos de avaliação de apreensibilidade das informações textuais: uma aplicação em sítios de governo eletrônico. *Proc. CLIHC'07*, Rio de Janeiro, 2007.

MEDHI, I.; SAGAR, A.; TOYAMA, K. Text-free user interfaces for illiterate and semi-literate users. *MIT Press Journals*, v. 4, n. 1, p. 37-50, 2007a.

_____. Optimal audio-visual representations for illiterate users of computers. In: INTERNATIONAL CONFERENCE ON WORLD WIDE WEB (WWW'07), 16., *Proceedings...*, New York, ACM, p. 873-882, 2007b.

MELO, A. et al. (Orgs.). *Usabilidade, acessibilidade e inteligibilidade aplicadas em interfaces para analfabetos, idosos e pessoas com deficiência*. Resultados do workshop. Campinas: CPqD, 2009. Disponível em: <http://www.cpqd.com.br/file.upload/1749021822/resultados_workshop_uai.pdf>. Acesso em 18 maio 2009.

ORGANIZAÇÃO DAS NAÇÕES UNIDAS (ONU). *United Nations e-Government Survey 2012*: e-Government for the People. New York, 2012. ISBN 978-92-1-123190-8. Disponível em <http://unpan1.un.org/intradoc/>. Acesso em: 1º fev. 2012.

OSORIO, A. F. S.; SCHMIDT, C. P.; DUARTE, R. E. Parceria universidade-empresa para inclusão digital. In: SIMPÓSIO SOBRE FATORES HUMANOS EM SISTEMAS COMPUTACIONAIS (IHC), 8., *Anais...*, 2008, Porto Alegre, SBC, 2008.

PATACA, D. et al. An e-gov service for retirement applying by illiterate and disabled people. *Proc. of DEGAS'2007*. Workshop on Design & Evaluation of e-Government Applications and Services, Rio de Janeiro, 2007.

PICCOLO, L.; MELO, A.; BARANAUSKAS, C. Accessibility and interactive TV: design recommendations for the Brazilian scenario. In: CONFERENCE IN HUMAN-COMPUTER INTERACTION, 10., *Proceedings...*, Rio de Janeiro, Heidelberg, Springer, 2007.

PLAUCHÉ, M. et al. Speech recognition for illiterate access to information and technology. In: INTERNATIONAL CONFERENCE ON INFORMATION AND COMMUNICATION TECHNOLOGIES AND DEVELOPMENT. *Proceedings...*, Berkeley, University of California, 2006.

PREECE, J.; ROGERS, Y.; SHARP, H. *Design de interação*: além da interação homem-computador. Tradução de Viviane Possamai. Porto Alegre: Bookman, 2002.

TAMBASCIA, C. et al. *Mapeamento de soluções*: Projeto Soluções de Telecomunicações para Inclusão Digital. Relatório técnico. Campinas: CPqD, 2006.

_____, DALL'ANTONIA, J. Um panorama de experiências no Brasil. In: SOUTO, Átila A.; DALL'ANTONIA, Juliano C.; HOLANDA, Giovanni M. de. (Orgs.). *As cidades digitais no mapa do Brasil*. Brasília: Ministérios das Comunicações, 2006. v. 1, p. 83-109.

Seção 5

Exploração dos recursos das TDICs na busca e construção de diálogos interculturais

Redesenhando uma tese de doutorado para incluir a participação de leitores acadêmicos e participantes

Glenn Auld

Introdução

Este capítulo explora os processos que levaram a uma reestruturação da minha tese de doutorado para aprimorar a participação dos leitores: de acadêmicos para uma audiência mais ampla.

A tese aborda as práticas de letramento de um grupo de crianças australianas indígenas que vivem em Maningrida, uma comunidade remota no norte da Austrália. Usando os elementos de multimodalidade de Kress e Van Leeuwen (2001), foram construídos livros em áudio na primeira língua das crianças, o Ndjébbana. Os textos foram construídos de modo colaborativo em um acordo de parceria entre os membros da comunidade Kunibídji e eu, como professor-pesquisador, em um procedimento análogo ao descrito por outros pesquisadores como Laughren (2000) e Smith (1999). A motivação para a construção dos textos foi proporcionar às crianças Kunibídji a opção de acessar recursos educacionais em sua primeira língua.

Embora os livros em áudio Ndjébbana resguardem os direitos humanos linguísticos das crianças (Skutnabb-Kangas, 2000), notei que a escrita da tese acadêmica em inglês acabava por excluir da leitura dos resultados da pesquisa as crianças participantes. Também percebi que minhas descrições não captavam adequadamente as interações significativas que ocorriam em torno dos computadores que apresentavam esses textos. O grupo de idosos e os demais membros da comunidade deram-me permissão para incluir na tese os livros em áudio Ndjébbana e os relatos de algumas interações sobre esses textos. A tese resultou, então, em três textos ligados a vinhetas comuns dos livros em áudios Ndjébbana ou dos vídeos das interações com o computador. Um texto é uma narrativa oral da pesquisa em Ndjébbana, acessível a todos os membros da comunidade Kunibídji; o segundo apresenta a pesquisa em inglês simples, promovendo a participação de outros indígenas australianos de comunidades remotas que não entendiam Ndjébbana ou inglês acadêmico; o terceiro texto apresenta a pesquisa em inglês acadêmico.

Uma das contradições do estudo sobre línguas indígenas australianas é que os relatórios acadêmicos desse tipo de pesquisa são, muitas vezes, inacessíveis para os participantes do estudo. Isso ocorre pelo fato de os letramentos embutidos no texto acadêmico serem, em muitos casos, contrários às práticas sociais cotidianas de falantes de línguas indígenas australianas minoritárias que vivem em comunidades remotas. Leitores acadêmicos dos relatórios são limitados àquilo que o pesquisador pode representar, por escrito, sobre as práticas sociais complexas realizadas pelos participantes indígenas.

Este estudo relata a possibilidade de acesso igualitário dos participantes locais e do público acadêmico no processo de relato de pesquisa. Neste capítulo, discutem-se o contexto do estudo e os textos visuais desenvolvidos para a pesquisa. Em seguida, emergem questões acerca do respeito aos participantes no relato da experiência. Capturas de tela a partir da tese são utilizadas para destacar algumas das vinhetas digitais que foram apresentadas na tese. A ideia central da ontologia visual é combinada com noções dos direitos humanos linguísticos, a fim de desenvolver o argumento dos direitos modais de participantes indígenas na pesquisa acadêmica. Esses direitos modais abrangem não apenas as representações linguísticas e visuais, mas também os muitos modos usados pelos povos indígenas para representar seu mundo e que, como tal, estão alinhados a epistemologias e ontologias indígenas.

1. O contexto do estudo

O estudo ocorreu em Maningrida, uma remota comunidade indígena no norte da Austrália. Os 200 membros da comunidade Kunibídji são os donos tradicionais das terras e mares em torno de Maningrida e partilham sua comunidade com cerca de 2 mil outros indivíduos. De acordo com a Maningrida Arts and Culture (n.d.) Maningrida é, talvez, a comunidade mais multilíngue no mundo, e hospeda uma interseção de uma série de comunidades de fala. Ndjébbana, Kunwinjku oriental, Kune, Rembarrnga, Dangbon/Dalabon, Nakkara, Gurrgoni, Djinang, Wurlaki, Ganalbingu, Gupapuyngu, Kunbarlang, Gun-nartpa, Burarra e Inglês são todos falados em Maningrida. A maioria das pessoas tem o domínio de três, quatro ou mais dessas línguas.

Este estudo surgiu quando comecei a ensinar um grupo de crianças da comunidade Kunibídji. O meio de instrução era principalmente o Ndjébbana, embora a língua inglesa tenha sido lentamente introduzida para as crianças. Quando os computadores começaram a aparecer na pré-escola, o foco era o fornecimento de acesso à internet. Esse foco na conectividade não corresponde ao desejo das crianças de aprender a ler e escrever em sua primeira língua, uma vez que não havia conteúdo algum em Ndjébbana na internet. Outro problema era a limitada exposição das crianças a tecnologias digitais em casa, já que os computadores ficavam na escola.

2. Perspectiva teórica

Kress (2003) sugere que as imagens vão desempenhar um papel central em textos no futuro, na medida em que os meios de representação serão expandidos. Há uma história de crianças indígenas interessadas em fotografias e práticas pedagógicas eficazes em torno da construção de textos a partir dessas fotografias (Baker, 1974). Uma compreensão importante trazida a este estudo foi a de que muitas crianças Kunibídji estavam engajadas em discussões sobre as imagens em textos que descreviam suas práticas sociais cotidianas. As crianças estavam conectando as representações nos textos a seus modos de saber, e apegavam-se às imagens de texto como uma forma de entender o impresso. Desse modo, o letramento crítico que incluiu letramentos visuais foi um importante condutor teórico deste estudo.

Outra perspectiva teórica foi a dos direitos humanos linguísticos. Skutnabb-Kangas (2000) sugere que as crianças têm o direito à educação em sua língua preferida de comunicação como parte de seus direitos humanos. Maiorias linguísticas desconsideram esse direito adquirido, e que ele se estende aos participantes indígenas que são falantes de línguas minoritárias, embora raramente tal direito seja questionado por minorias linguísticas. Os participantes deste estudo, obviamente, têm o direito de acessar os textos em seu idioma preferido. Como mencionado anteriormente, quando os computadores foram introduzidos na escola com ênfase no acesso ao inglês em um lugar de aprendizagem global, os direitos humanos linguísticos das crianças foram ameaçados por essa prática.

Um terceiro ponto de vista teórico é o da etnografia crítica, uma metodologia de investigação crítica que não apenas descreve a pesquisa, mas dela se vale para redefinir a teoria social (Carspecken, 1996). Neste estudo, a metodologia da pesquisa crítica tentou explorar os limites modais de uma tese, incorporando recursos visuais e sons ao texto. Ao fazê-lo, minha intenção era a de posicionar os participantes indígenas nos relatórios da pesquisa realizada.

3. Os livros em áudio Ndjébbana

Para identificar o interesse das crianças na leitura de histórias Ndjébbana em casa, os livros Ndjébbana utilizados no programa de línguas da escola foram digitalizados em livros em áudio em Ndjébbana. Esses simples textos multimídia tinham em cada página a língua impressa, imagens e sons. As páginas eram lidas para as crianças pelo computador enquanto tocava um som. As palavras do texto eram destacadas conforme eram lidas para as crianças.

Noventa e seis livros em áudio Ndjébbana foram desenvolvidos por mim em colaboração com os membros da comunidade Kunibídji. Alguns desses textos foram feitos a partir de imagens digitais de excursões, enquanto outros eram versões digitalizadas de textos Ndjébbana mais velhos, que usavam ilustrações extraídas de várias fontes. Os noventa e seis textos foram organizados em 16 páginas de seis botões. Quando o botão que representa o texto era pressionado, a primeira página do texto solicitado era lida para o participante.

Os livros em áudio Ndjébbana eram exibidos em um computador com tela sensível ao toque (*touch screen*). Os membros da comunidade Kunibídji tiveram acesso ao computador fora de casa por diversas vezes, conforme negociado com as famílias participantes.

4. A coleta de dados

Para este estudo, foram coletados dados qualitativos e quantitativos. As interações em torno do computador foram registradas em vídeo digital. Esses vídeos capturam a interação dos participantes entre si e a interação deles com o computador. Depois de receber a aprovação dos membros da comunidade Kunibídji para usar os vídeos na pesquisa, adicionei legendas como forma de análise dos dados. Os dados quantitativos também foram coletados por meio de traços: toda vez que os participantes tocavam a tela, a hora, o livro e a página eram registrados pelo computador. Esses dados foram usados para explicar o envolvimento das crianças com os textos na ausência de qualquer pesquisador ou câmera de vídeo (Auld, 2002).

5. Relato dos resultados

Quando a fase de relatórios do projeto começou, fui desafiado pelo respeito aparentemente limitado dos participantes envolvidos pela prática de elaboração de relatórios. Smith (1999) sugere que toda prática de pesquisa participativa conscienciosa deve ser baseada em um sentimento de "respeito". Assim, depois de muitos anos de vida e de trabalho com os membros da comunidade Kunibídji, eu estava bem ciente de que escrevia um texto para o público acadêmico, que seria ilegível para os participantes da pesquisa. Por outro lado, também estava preocupado com a forma como iria relatar aos membros da academia, não instruídos nas práticas sociais da cultura Kunibídji, as complexas interações com o computador. Depois de muita discussão com os participantes e com seus acompanhantes, os membros da comunidade Kunibídji permitiram-me incorporar as vinhetas digitais na tese final.

6. As vinhetas digitais

Como as vinhetas digitais fornecem aos leitores acadêmicos uma melhor representação das complexas interações em torno do computador em vez de narrativas impressas, elas poderiam ser a base de um relatório para os participantes. Essas vinhetas digitais, juntamente com os 96 livros em áudio Ndjébbana, foram dispostas em três textos, um acadêmico, um escrito em linguagem simples e um em forma de narrativa oral para os participantes. A primeira página da tese proporciona acesso a qualquer um desses três textos:

o texto acadêmico tem os capítulos esperados em uma tese; a descrição em linguagem simples destina-se a pessoas que queriam acessar uma versão em inglês do relatório em linguagem simples; o relatório para os participantes foi apresentado como uma narrativa oral em Ndjébbana, fornecendo *links* para os livros em áudio Ndjébbana digitais e para as vinhetas que ilustram os resultados. O relatório em Ndjébbana para os participantes não apresenta nenhuma legenda nas vinhetas digitais.

7. Discussão

Há muitas maneiras de ver a intertextualidade dessa tese. Ela pode ser vista semiótica, ideológica, ética ou pragmaticamente. Antes de examinar as motivações para o uso de multimodalidade, começo com uma discussão sobre esse uso na tese, seguido pela análise dos direitos modais dos participantes. A seção é concluída com uma discussão sobre a transparência em uma tese, possibilitada pelo uso de tecnologias digitais multimodais.

8. Multimodalidade em uma tese

Cazden et al. (1996) sugeriram que sistemas de construção de significado multimodal têm a capacidade de comunicar o significado através de modos espaciais, gestuais, visuais, auditivos e linguísticos. A maioria das teses privilegia o modo linguístico do significado através da construção dos textos como uma série de páginas impressas com um discurso acadêmico complexo incorporado ao texto. Delineando o papel central da impressão em uma tese acadêmica, minha tese também traz uma narrativa consistente baseada na escrita. O que é importante nessa tese é que os relatórios acadêmicos e os relatos dos participantes estão vinculados ao uso comum das vinhetas digitais multimodais, que servem para ampliar os projetos de representação como uma forma de respeitar os diferentes públicos.

Os diferentes textos da tese tentaram usar diferentes modos para diferentes públicos. Os textos para os participantes tinham limitado material impresso em Ndjébbana, enquanto o texto para o público acadêmico incorpora as vinhetas em um argumento acadêmico, usando a escrita como modalidade dominante. Uma característica importante da tese foi a interligação dentro de e entre os textos. Zammit e Downes (2002) sugerem que uma característica de textos multimodais é a interligação com a forma, o conteúdo e as possibilidades de aprendizagem. Nesse sentido, os livros em áudio Ndjébbana conectam o Ndjébbana impresso (modalidade linguística), as imagens (modo visual) e o som (modo auditivo). As vinhetas digitais conectam o vídeo à imagem variada que as crianças visualizavam na tela e conectam as legendas ao que é falado em Ndjébbana no vídeo e, assim, os textos multimodais auxiliam acadêmicos a lerem e aprenderem sobre a prática social dos Kunibídji. A mesma forma de textos forneceu aos participantes e a suas famílias acesso à narrativa, realizando seu desejo de ler os livros em áudio Ndjebbana em casa, e ao mesmo tempo ofereceu aos membros da comunidade a oportunidade de analisar criticamente as evidências e articulações descritas na tese. Por fim, eu estava expondo os participantes à metodologia do estudo e à ética embutidas na representação de suas práticas de letramento, para um público externo.

9. Motivações para a incorporação de multimodalidade

A capacidade de fornecer vários textos multimodais intertextuais em uma tese permite "situar o discurso acadêmico ocidental e suas convenções como apenas uma entre numerosas tradições epistemológicas" (May e Aikman, 2003). Apresentar múltiplos textos em uma tese proporciona uma oportunidade não apenas de atingir públicos distintos, mas também de explorar diferentes tradições epistemológicas. Como pesquisador não indígena, seria inadequado para mim reivindicar qualquer sucesso em expandir as tradições epistemológicas indígenas. Tentei explorar as possíveis transformações do discurso acadêmico ocidental e, ao fazer isso, desafiar as práticas vigentes, apoiadas no gênero formal *tese*, que marginaliza os participantes que convivem com outras práticas. A representação visual e auditiva pôde desempenhar um papel fundamental nessa transformação.

Essencial ao estudo publicado na tese foi o tempo que passei com os participantes antes do início do estudo. Foram anos de vivência e trabalho na comunidade com os participantes antes de o estudo ser concebido. Enquanto estava tentando entender as formas como as crianças eram instruídas de acordo com as formas de conhecimento da comunidade Kunibídji, os membros da comunidade estavam julgando meus relacionamentos com as crianças. A concepção deste estudo e o desenvolvimento de uma tese intertextual era apenas uma pequena parte da parceria colaborativa respeitosa entre o pesquisador e os participantes.

Street (2001) sugeriu que, no que diz respeito a programas de letramento, devemos começar por "compreender as práticas de letramento com as quais os grupos e as comunidades-alvo em questão estão envolvidas" (p. 1) e aprender a criar programas culturalmente mais sensíveis e não programas que se baseiam no que as pessoas supostamente "precisam" (p. 15). A multimodalidade embutida na tese foi minha tentativa de compreender e respeitar as sensibilidades culturais dos participantes na fase da pesquisa voltada à elaboração dos relatos. Embora tivesse passado muitos anos aprendendo sobre as necessidades dos participantes em suas práticas cotidianas de letramento, não tinha passado tanto tempo pensando em suas necessidades no processo de difusão de um projeto de pesquisa do qual eles eram os participantes. A tese multimodal foi resultado da incorporação das práticas de comunicação culturalmente sensíveis em um texto acadêmico. Eu estava assumindo em meu ensino e pesquisa que os direitos modais das crianças devem ser acolhidos nos textos que elas leem, sejam estes textos construídos como resultados de estudos ou pesquisas.

As práticas sociais em torno do desenvolvimento dos livros em áudio Ndjébbana exemplificam minha tentativa de pesquisar com os participantes, em vez de pesquisar sobre os participantes. Cameron et al. (1992) sugerem que aproximar a pesquisa dos participantes, em vez de sobre os participantes, é a prática de pesquisa prudente e saudável. Dessa forma, o desejo de construir uma tese acessível aos participantes resultou em minha tentativa de escrever um relato para os participantes em vez de apenas escrever sobre eles. Os vários relatórios utilizando as vinhetas digitais foram uma tentativa de relatar "para" em vez de "sobre" os participantes. Subjacente a essa diferença está o respeito ao acesso dos participantes aos textos que representam suas práticas sociais cotidianas para estrangeiros.

10. Os direitos modais dos participantes

Kellner (2002) observou que estamos vivendo um "momento de desafio e um momento para experimentar" em relação às novas tecnologias e à cultura da mídia. Tomei o desafio de Kellner para experimentar as representações multimodais dos participantes em uma tese. Conduzir essa experiência não se deve às possibilidades da tecnologia, mas aos direitos dos participantes. Essa é uma compreensão importante que incide sobre a prática de pesquisa e não sobre a tecnologia da atualidade. Embora os direitos humanos linguísticos dos participantes tenham sido um motor teórico no estudo, esses direitos foram combinados com outros sistemas semióticos, tais como projetos de áudio e vídeo utilizados pelos participantes em sua prática cotidiana. A centralidade da imagem na transmissão de significado, como observado por Anstey e Bull (2000) e Kress (2003), foi avaliada pelos participantes como uma forma válida de encontrar o significado nos livros em áudio Ndjébbana. Portanto, a prática de usar a tecnologia para atingir um bem social para os participantes foi incorporada nessa pesquisa.

Enquanto os direitos humanos linguísticos dizem respeito à educação das pessoas em seu idioma preferido de comunicação, os direitos modais, promovidos na tese, estão preocupados com os direitos de acesso ao conhecimento na modalidade ou nos modos de comunicação preferidos pelas pessoas. Os direitos modais de indivíduos não estão fora dos direitos linguísticos, mas estão posicionados de forma que esses direitos modais dissipem os direitos linguísticos. Os direitos modais dos participantes foram sustentados enquanto os dados estavam sendo coletados e relatados a eles. As imagens e sons recolhidos por membros da comunidade participante, a fim de construir os livros em áudio Ndjébbana, respeitaram os modos de significação valorizados na comunicação diária. Esses modos foram combinados com a escrita Ndjébbana para fornecer uma mensagem integrada aos participantes. A multimodalidade do relatório manteve os direitos dos participantes de acessarem os resultados do estudo usando seus letramentos cotidianos. Ao defender os direitos modais dos participantes na concepção dos livros em áudio Ndjébbana e do relatório na tese, a convenção dos direitos da criança tornou-se um condutor da ética na pesquisa. O artigo 13 da Parte 1 da Convenção dos Direitos da Criança (Assembleia Geral da ONU, 1989) afirma:

> A criança terá direito à liberdade de expressão. Esse direito incluirá a liberdade de procurar, receber e divulgar informações e ideias de todo tipo, independentemente de fronteiras, de forma oral, escrita ou impressa, por meio das artes ou de qualquer outro meio escolhido pela criança.

As crianças procuraram, receberam e divulgaram o conhecimento sobre os livros em áudio Ndjébbana neste estudo. Acreditei ser natural que os direitos modais dos participantes fossem acolhidos, proporcionando-lhes o acesso ao relatório final. Respeitar os direitos modais dos participantes pode significar mudar as fronteiras dos textos que eles escolhem acessar. Os direitos modais de crianças participantes fornecem um quadro ético útil através do qual abordar as mudanças das fronteiras de uma tese.

11. Transparência usando multimodalidade

Semali e Kincheloe (1999, p. 20) sugerem que os pesquisadores não indígenas podem falhar em contextos indígenas de duas maneiras: "Não apenas eles devem evitar o essencialismo e sua romantização do indígena, como devem contornar as armadilhas que transformam sua tentativa de facilitação em maior marginalização". A inclusão de representações multimodais dos participantes no relatório final comporta a capacidade dos leitores de fazerem julgamentos sobre minhas interpretações na pesquisa e julgarem se eu romantizei ou marginalizei a voz dos participantes do estudo. Fornecer os dados brutos multimodais na apresentação final ampara esses leitores nos julgamentos sobre minhas reivindicações e sobre as representações implícitas dos participantes.

A inclusão das representações multimodais dos participantes na tese tentou capturar a complexidade das interações com os computadores que exibiam os livros em áudio Ndjébbana. Nos locais em que o computador era popular entre os participantes, as múltiplas leituras dos textos foram mais validamente representadas no vídeo do que em uma vinheta escrita (impressa). Com a permissão dos participantes e seus cuidadores, fui capaz de incorporar ao relatório final representações multimodais dessas interações complexas. Kellner e Share (2006, p. 373) sugerem que há "diferentes leituras, interpretações e percepções das imagens complexas, cenas, narrativas, significados e mensagens da cultura da mídia".

Um relatório digital auxilia leitores na compreensão dos múltiplos significados das vinhetas digitais e das realidades complexas representadas por essas vinhetas. A digitalização de uma tese com vinhetas multimodais teve a capacidade de incorporar um "conjunto complexo" (Kress, 2000) de projetos de significado para representar os participantes. No atual contexto, os investigadores devem ser incentivados a explorar a melhoria da validade dos relatórios de pesquisa utilizando as tecnologias multimodais. Durante a redação do relatório multimodal, percebi que as interações complexas poderiam ser mais bem representadas pelas telas de vídeo e de computador que por tentativas de descrição dessas interações em um texto impresso.

Fornecer aos leitores acadêmicos e participantes da tese o acesso aos textos na primeira página da tese foi outra transparência nela incorporada. A disposição da página do menu da tese sugere ao leitor que os textos têm um valor semelhante, já que exibem o mesmo tamanho de botões e os mesmos gráficos. Transparente na tese foi o valor idêntico que coloquei nas leituras dos participantes e do público acadêmico do texto.

A abordagem das novas tecnologias de Eisenlohr (2004, p. 38) destaca que sempre haverá um fundamento ideológico em qualquer tentativa de transformação de uma tese.

> Abordo novas tecnologias como práticas que permitem a mediação eletrônica, que tanto intervêm em, quanto se tornam parte de construções ideológicas criando ligações entre a prática linguística, as identidades sociais e as valorizações socioculturais.

A consequência imediata da introdução de transparência na tese é permitir o acesso a um conjunto compartilhado de dados por meio do desafio das práticas tecnológicas tidas como certas e raramente descompactadas em uma tese acadêmica. Há também possibilidades de longo prazo para a defesa dos direitos modais dos participantes.

Com o acesso aos dados brutos na apresentação final, os pesquisadores indígenas recebem a garantia de que no futuro terão acesso aos dados e à minha análise dos dados a partir de um olhar externo. Essa transparência da tese que permite a acadêmicos indígenas criticarem meu trabalho proporciona uma forte validação da inclusão dessas vinhetas multimodais na apresentação final. Espero, assim, ter fornecido às crianças participantes desse estudo clareza suficiente para que elas possam criticar os resultados de minha pesquisa futurammente.

12. Conclusões

Este capítulo descreveu as possibilidades de publicação de uma tese digital relatando a pesquisa realizada em um contexto indígena australiano de língua minoritária. A complexidade de incorporar representações multimodais em uma tese e de desenvolver os textos dos participantes como parte do processo de comunicação sugere que, neste estudo, apenas arranhamos a superfície das possibilidades sociais e tecnológicas.

Meu objetivo era o de construir uma tese que desafiasse as práticas ideológicas de um relatório redigido em inglês acadêmico sobre questões de uma língua indígena minoritária. As práticas linguísticas, as identidades sociais e as consequências da exclusão da multimodalidade na tese foram examinadas na construção desta outra tese. Espero ter mostrado as práticas de letramento dos participantes de uma forma que eles considerem válida, e que, com o tempo, estejam mais bem posicionados para criticar as limitações de meu estudo por meio da participação e leitura da tese. Como mencionado anteriormente, é o respeito pelos participantes, mais que a capacidade da tecnologia, que motiva a experiência de transparência de uma tese.

Ao fim, entendo que incluí as vozes dos participantes na construção de um "texto acadêmico confuso", incorporando estrategicamente representações indígenas discursivas multimodais ao longo da tese. Como consequência, creio ter demonstrado que a academia pode lidar com a rejeição de um discurso acadêmico monolíngue em uma tese. Esperemos que a transformação da tese acadêmica seja uma nova oportunidade para a transformação da academia (Morson, 2004), que irá melhorar o diálogo entre pesquisadores e participantes ao longo de todo o processo de construção de uma tese.

Agradecimentos

Agradeço o apoio dos membros da comunidade Kunibídij na condução deste estudo. Lena Djabbiba foi fundamental no apoio à construção dos livros em áudio Ndjébbana, e Monica Wilton auxiliou na tradução do discurso das crianças em volta do computador.

Referências

ANSTEY, M.; BULL, G. *Reading the visual*: written and illustrated children's literature. Sydney: Harcourt Australia, 2000.

AULD, G. What can we say about 112,000 taps on a touch screen computer? *Australian Journal of Indigenous Education*, v. 30, n. 1, p. 1-7, 2002.

BAKER, F. H. Black and white photography in a black and white school. *The Aboriginal Child at School*, v. 2, n. 3, p. 22-24, 1974.

CAMERON, D. et al. Introduction. In: _____ (Eds.). *Researching language*: issues of power and method. London/New York: Routledge, 1992. p. 1-28.

CARSPECKEN, P. F. *Critical ethnography in educational research*: a theoretical and practical guide. New York: Routledge, 1996.

CAZDEN, C. et al. A pedagogy of multiliteracies: designing social futures. *Harvard Educational Review*, v. 66, n. 1, p. 60-92, 1996.

EISENLOHR, P. Language revitalization and new technologies: cultures of electronic mediation and the refiguring of communities. *Annual Review of Anthropology*, v. 33, n. 1, p. 21-45, 2004.

KELLNER, D. Technological revolution, multiple literacies, and the restructuring of education. In: SNYDER, I. (Ed.). *Silicon literacies*: communication, innovation and education in the electronic age. London: Routledge, 2002. p. 154-169.

KELLNER, D.; SHARE, J. Toward critical media literacy: core concepts, debates, organizations, and policy. *Discourse Studies in the Cultural Politics of Education*, v. 26, n. 3, p. 369-386, 2006.

KRESS, G. R. Design and transformation. In: COPE, B.; KALANTZIS, M. (Eds.). *Multiliteracies*: literacy learning and designs of social futures. London: Routledge, 2000. p. 153-161.

_____. *Literacy in the new media age*. London: Routledge, 2003.

_____; VAN LEEUWEN, T. *Multimodal discourse*: the modes and media of contemporary communication. London: Arnold, 2001.

LAUGHREN, M. Australian aboriginal languages: their contemporary status and functions. In: DIXON, R. M. W.; BLAKE, B. J. (Eds.). *The handbook of Australian languages*. South Melbourne (Australia): Oxford University Press, 200. v. 5, p. 1-32

MAY, S.; AIKMAN, S. Indigenous education: addressing current issues and developments. *Comparative Education*, v. 39, n. 2, p. 139-145, 2003.

MORSON, G. S. The process of ideological becoming. In: FREEDMAN, S. W.; BALL, A. F. (Eds.). *Bakhtinian perspectives on language, literacy, and learning*. New York: Cambridge University Press, 2004. p. 317-331.

ORGANIZAÇÃO DAS NAÇÕES UNIDAS (ONU). Convention on the Rights of the Child, n. 44/25, CFR, 1989

SEMALI, L. M.; KINCHELOE, J. L. Introduction: what is indigenous knowledge and why should we study it? In: _____ (Ed.). *What is indigenous knowledge?* Voices from the academy. New York: Falmer, 1999. p. 1-57.

SKUTNABB-KANGAS, T. *Linguistic genocide in education, or worldwide diversity and human rights?* Mahwah, NJ: L. Erlbaum Associates, 2000.

SMITH, L. T. *Decolonizing methodologie*: research and indigenous peoples. London: Zed Books, 1999.

STREET, B. Introduction. In: _____ (Ed.). *Literacy and development*: ethnographic perspectives. London/New York: Routledge, 2001. p. 1-17.

ZAMMIT, K.; DOWNES, T. New learning environments and the multiliterate individual: a framework for educators. *Australian Journal of Language and Literacy*, v. 25, n. 2, p. 24-36, 2002.

Sobre os Autores

Alexandre Freire da Silva Osório possui graduação (1994) e mestrado (1998) em Engenharia Elétrica pela Universidade Estadual de Campinas (Unicamp). Tem atuado como pesquisador em empresas brasileiras, nos temas Inclusão Digital, Telecomunicações e Redes Inteligentes de Energia Elétrica. Quando na Fundação CPqD, dentro das atividades do projeto Soluções de Telecomunicações para Inclusão Digital, financiado pelo Ministério das Comunicações, pesquisou novas formas de interação humano-computador, que pudessem promover a inteligibilidade de sítios de governo eletrônico para usuários de baixo letramento.

Cláudia Hilsdorf Rocha possui graduação em Letras pela Pontifícia Universidade Católica de São Paulo (PUC-SP) (1987), mestrado (2006) e doutorado (2010) em Linguística Aplicada pela Universidade Estadual de Campinas (Unicamp). Fez estudos pós-doutorais pelo Departamento de Letras Modernas da Universidade de São Paulo (USP), com estágio como professora visitante no Centro de Globalização e Estudos Culturais da Universidade de Manitoba (Canadá). Atualmente, é professora e coordenadora do Programa de Pós-graduação em Linguística Aplicada do Instituto de Estudos da Linguagem (IEL) da Unicamp. Tem experiência docente no ensino fundamental, médio e superior. Atuou como professora de Língua Inglesa no curso de Letras da PUCCamp em 2009 e no Centro de Ensino de Línguas da Unicamp entre 2010 e 2013. Foi coordenadora da Secretaria de Extensão do referido centro no biênio 2010-2012. Foi secretária da Associação Brasileira de Linguística Aplicada (2011-2013). Seus interesses de pesquisa envolvem ensino de inglês e português como línguas estrangeiras e sua interface com as novas tecnologias, formação de professores e material didático, sob a perspectiva dos gêneros discursivos e dos letramentos. É líder do Grupo de Pesquisa E-Lang (Unicamp/CNPq) e pesquisadora integrante do Projeto Nacional de Formação de Professores (USP/CNPq).

Claudia Lemos Vóvio possui doutorado em Linguística Aplicada pela Universidade Estadual de Campinas (Unicamp), mestrado em Educação pela Faculdade de Educação da Universidade de São Paulo (USP) e graduação em Pedagogia pela PUC de São Paulo (PUC-SP). É professora adjunta da Universidade Federal de São Paulo (Unifesp), no curso de Pedagogia, nas disciplinas Alfabetização e Letramento e Fundamentos Teóricos e Práticos do Ensino de Língua Portuguesa. Atualmente, está vinculada ao Laboratório de Estudos de Vulnerabilidades Infantis (Levi), do Programa de Pós-graduação Educação e Saúde na Infância e Adolescência. Desenvolve pesquisa sobre Letramentos, Escolarização e Participação Social.

Denise Bértoli Braga é professora titular do Departamento de Linguística Aplicada da Universidade Estadual de Campinas (Unicamp), onde atuou como docente e pesquisadora desde 1980. Desde 1996, tem se dedicado ao estudo do impacto das tecnologias digitais nas formas de comunicação, nas metodologias de ensino, com ênfase na produção de materiais digitais para estudo automonitorado. Foi a pesquisadora responsável pela implantação da área de pesquisa voltada para esses temas no curso de Pós-graduação em Linguística Aplicada da Unicamp, e é líder fundadora do Grupo de Pesquisa e-Lang (Unicamp/CNPq). Suas publicações enfocam leitura crítica, uso de recursos e ambientes digitais para o ensino mediado pela internet e, mais recentemente, tem refletido sobre o uso da internet para a promoção de relações sociais mais horizontais e participativas.

Glenn Auld atua como pesquisador sênior em Educação, com especialidade em linguagens e letramentos. Suas atividades de ensino e pesquisa são nas áreas de Novas Mídias, Ética e Educação Aborígine. Foi o primeiro vencedor do prêmio Betty Watts Award para Educação Indígena oferecido pela Australian Association of Researchers in Education. Glenn tem recentemente explorado a questão de dilemas éticos no uso de mídias sociais em sala de aula, e tem interesse em como professores criam pontes entre o currículo estabelecido e o interesse sociocultural dos alunos.

Ismael M. A. Ávila possui graduação em Engenharia pela Universidade Federal de Minas Gerais (UFMG), mestrado em Sistemas Inteligentes pela Universidade Estadual de Campinas (Unicamp). Engenheiro do Centro de Pesquisas em Telecomunicações (CPqD), tem atuado como pesquisador nos temas Interação Humano-Computador, Semiótica Computacional, Inteligência Artificial, Simulações Multiagentes, Linguagens e Iconografia. Autor de diversos artigos técnico-científicos e de capítulos de livros nas áreas de Inteligência Artificial (IA) e a Interação Humano-Computador (IHC).

Joel Windle possui graduação em Artes e Pedagogia pela Universidade de Melbourne (2001) e doutorado em Educação pela mesma universidade (2008). Tem experiência nas áreas de Educação e Linguística Aplicada, com ênfase em sociologia da educação e novos letramentos. É professor dos cursos de graduação em Letras e de mestrado em Educação da Universidade Federal de Ouro Preto (UFOP).

Lara Schibelsky Godoy Piccolo possui doutorado em Ciência da Computação pela Universidade Estadual de Campinas (Unicamp), com pesquisa na área de Interação Humano-Computador. Também tem mestrado pelo Instituto de Computação (Unicamp) e graduação em Engenharia de Computação pela PUC-Campinas. De 2004 a 2013, trabalhou como pesquisadora e consultora na Fundação Centro de Pesquisa e Desenvolvimento em Telecomunicações (CPqD), principalmente em projetos de pesquisa e desenvolvimento fomentados pelo Ministério das Comunicações e para o setor elétrico, em parceria com concessionárias de energia. Sua pesquisa é focada na inclusão digital de pessoas sem familiaridade com o uso de tecnologia, projetando sistemas interativos com base em aspectos socioculturais, motivacionais e afetivos.

Luiz Fernando Gomes possui pós-doutorado pela Universidade Estadual de Campinas (Unicamp) em Linguística Aplicada, área de concentração Linguagem e Tecnologia (2015), doutorado pela Unicamp, na mesma área (2007), mestrado pela Pontifícia Universidade Católica de São Paulo (PUC) em Linguística Aplicada aos Estudos da Linguagem (1998) e graduação em Letras pela Universidade de Sorocaba (Uniso). Professor concursado da Universidade Federal de Alagoas (Ufal), onde leciona na Faculdade de Letras (Fale), no Programa de Pós-graduação em Letras e Linguística (PPGLL) e no Programa de Mestrado Profissional (Profletras). Faz parte do GT Linguagem e Tecnologia da Anpoll. Pesquisa os seguintes temas: Linguística Textual: Hipertexto e Multimodalidade, Relações Verbal-Não Verbal; Leitura e Escrita em Dispositivos e Ambientes Digitais; Linguagem e Tecnologia no Ensino Presencial e a Distância e Multiletramentos. Autor dos livros: *Hipertextos multimodais: leitura e escrita na era digital* (Paco, 2010) e *Hipertexto no cotidiano escolar* (Cortez, 2011), *Palavrando* (poesia — Crearte, 2012), *Sebastião, meu avô, pai da minha mãe* (Jogo de Palavras, 2013) e *A mão que fazia desaparecer e outras histórias impossíveis* (contos — Jogo de Palavras, 2013).

Marcelo El Khouri Buzato é professor do Departamento de Linguística Aplicada da Universidade Estadual de Campinas (Unicamp). Com graduação em Letras pela PUC-SP, mestrado e doutorado em

Linguística Aplicada pela Unicamp, atua desde 2001 nas áreas de Linguagem e Tecnologias. Linguagem e Inovações Sociais e Educacionais na Cultura Digital, Transculturalidade e Relações Local-Global Mediadas pela Internet, Transmidialidade, Pós-Humanidade e Pós-Sociedade são seus principais interesses de pesquisa. Membro de conselhos editoriais e parecerista de periódicos em Linguística Aplicada, Educação, Psicologia Social e Ciências Sociais. Autor de "Cultural perspectives on digital inclusion", artigo para o *International Journal on Multicultural Societies* (Unesco, 2008) e *New literacies, new agencies: a Brazilian perspective* (Peter Lang, 2013).

Maria Helena Silveira Bonilla é professora-associada da Faculdade de Educação da Universidade Federal da Bahia (UFBA), coordenadora do Programa de Pós-graduação em Educação da UFBA, líder do Grupo de Pesquisa Educação, Comunicação e Tecnologias (GEC). Possui licenciatura em Matemática (Unijuí, 1988), mestrado em Educação nas Ciências (Unijuí, 1997) e doutorado em Educação (UFBA, 2002). Fez estágio de pós-doutoramento em Educação pela Universidade Federal de Santa Catarina (UFSC, 2011). Pesquisadora e autora de artigos e livros sobre educação e tecnologias da informação e comunicação, formação de professores, inclusão digital, *software* livre e políticas públicas.

Nelson de Luca Pretto é professor titular (e ativista) da Faculdade de Educação da Universidade Federal da Bahia (UFBA). Possui doutorado em Comunicação (USP, 1994). Bolsista do CNPq. Secretário Regional da Sociedade Brasileira para o Progresso da Ciência (SBPC — Bahia — 2011-2015). Membro da Academia de Ciência da Bahia. Foi diretor da Faculdade de Educação da UFBA (2000-2008) e titular do Conselho de Cultura do estado da Bahia (2007-2011). É editor da revista *Entreideias: Educação, Cultura e Sociedade*. Foi membro da diretoria colegiada do Sindicato dos Professores no estado da Bahia (Sinpro) (1979-1981).

Paulo de Tarso Gomes é docente do Instituto Federal de São Paulo (IFSP), possui licenciatura em Filosofia e Pedagogia, graduação em Engenharia da Computação, com mestrado em Filosofia e doutorado em Educação. Atualmente desenvolve pesquisa de pós-doutorado sobre uso de redes digitais em movimentos sociais no Instituto de Estudos da Linguagem (IEL) da Universidade Estadual de Campinas (Unicamp). Tem por núcleo de pesquisa: Relações entre Consciência e Máquina; Identidade Coletiva, Comunidade e Movimentos Sociais; Interações entre Tecnologia, Educação e Mudança Social.

LEIA TAMBÉM

HIPERTEXTO E GÊNEROS DIGITAIS

novas formas de construção do sentido

Luiz Antônio Marcushi
Antonio Carlos Xavier
(Orgs.)

3ª edição (2010)
240 páginas
ISBN 978-85-249-1556-7

    Este livro discute as principais modificações promovidas nas atividades linguístico-cognitivas dos usuários, a partir das inovações tecnológicas, e como essas mudanças afetam o processo ensino/aprendizagem da língua na escola e fora dela.

LEIA TAMBÉM

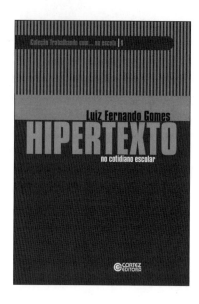

HIPERTEXTO NO COTIDIANO ESCOLAR

Coleção Trabalhando com... na escola
volume 1

Luiz Fernando Gomes

1ª edição (2011)
120 páginas
ISBN 978-85-249-1834-6

Este livro traz uma revisão das origens do hipertexto, resgatando seus principais idealizadores e os vários momentos de sua história. Propõe atividades de leitura e de produção de escrita hipertextuais.

LEIA TAMBÉM

AMBIENTES DIGITAIS
reflexões teóricas e práticas

Coleção Trabalhando com... na escola
volume 6

Denise Bértoli Braga

1ª edição (2013)
152 páginas
ISBN 978-85-249-2011-0

Por meio do uso de uma linguagem ao mesmo tempo clara e instigante, a obra contextualiza a emergência e a evolução das TICs (Tecnologias da Informação e Comunicação) e descrevem ambientes virtuais de aprendizagem (AVAs) específicos e outros ambientes e ferramentas da Internet, como blogs, dicionários online, os tradutores automáticos, o Twitter, o Google.docs e as redes sociais, mais especialmente o Facebook, incorporados às práticas de ensino.

GRÁFICA PAYM
Tel. [11] 4392-3344
paym@graficapaym.com.br